葫芦文化丛书

图像卷

总主编／扈鲁
本卷主编／扈鲁

中華書局

图书在版编目（CIP）数据

葫芦文化丛书．图像卷 / 扈鲁总主编 ；扈鲁本卷主编．--
北京 ：中华书局，2018.7
ISBN 978-7-101-13310-3

Ⅰ．①葫… Ⅱ．①扈… Ⅲ．①葫芦科－文化研究－中国②葫芦科－图案－中国－图集 Ⅳ．①S642②J522.3

中国版本图书馆CIP数据核字(2018)第130552号

书　　名　葫芦文化丛书（全九册）
总 主 编　扈　鲁
本卷主编　扈　鲁
责任编辑　许旭虹
装帧设计　杨　曦
制　　版　北京禾风雅艺图文设计有限公司
出版发行　中华书局
（北京市丰台区太平桥西里38号 100073）
http://www.zhbc.com.cn
E-mail:zhbc@zhbc.com.cn
印　　刷　艺堂印刷（天津）有限公司
版　　次　2018年7月北京第1版
2018年7月北京第1次印刷
规　　格　开本787×1092毫米　1/16
总印张155.5　总字数1570千字
国际书号　ISBN 978-7-101-13310-3
总 定 价　960.00元

《葫芦文化丛书》编委会

《图像卷》编委会

序　一

“葫芦虽小藏天地”，作为一种历史悠久、用途广泛的古老植物，葫芦也是文化内涵丰富的人文瓜果，遍布世界各地，受到各民族人民喜爱，有着漫长的文化旅程。据考古发现，在距今约 1 万年至 9000 年的秘鲁、泰国等地人们就开始种植和利用葫芦。我国河姆渡遗址发现了 7000 多年前的葫芦及种子，另据甲骨文中“壶”字似葫芦状推断，我国先民认识葫芦的时间起点也很早。至“郁郁文哉”的西周时期，《诗经》等典籍中已有大量关于葫芦在饮食、盛物、祭祖、敬老、婚姻、渡河等方面的记载，我国的葫芦文化初具规模。经过数千年历史演变和人文化成，葫芦的实用性与艺术性被广泛开发和应用，涉及农工渔猎商等各行生产和衣食住行婚丧嫁娶的社会生活，以及节日、信仰、娱乐、工艺、语言、故事传说等方面，成为传统文化中的吉祥物和重要的民俗事象，衍生出蔚然可观的葫芦文化。如钟敬文先生所言，葫芦“是中华文化中有丰富内涵的果实，它是一种人文瓜果，而不仅仅是一种自然瓜果”，葫芦文化是“中华民俗文化中具有一定意义的组成部分”。

“风物长宜放眼量”，由我国葫芦写意画专家与收藏名家扈鲁先生主编的九卷本《葫芦文化丛书》，以我国浩如烟海的传世典籍为基础，深入系统地挖掘整理了葫芦在种植、食用、药用、器皿、工艺及相关名称、民俗、传说等方面的历史与文化。其中仅葫芦工艺类的史料，就涵盖葫芦造型、葫芦雕刻、葫芦绘画、葫芦饰品、葫芦乐器等诸多方面，通过文学卷、器物卷、图像卷等等图文，系统地展示了传统葫芦在中国文学、绘画、音乐、工艺美术等方面承载的丰富文化内涵以及历代匠人的高超匏艺。

丛书不仅具有历史的、文化的视野，也深刻关注葫芦文化的传承与发展现实，对云南澜沧县、辽宁葫芦岛、山东东昌府等地的葫芦文化发展做出翔实纪录，结合葫芦大观园、葫芦烙画、葫芦针雕、葫芦民俗旅游村、葫芦宴等不同形式的葫芦文化传承与发展案例，全面分析各地葫芦画室、葫芦艺匠、葫芦研究、葫芦收藏、葫芦精品发展情况，深入探讨葫芦文化融入当代经济与生活的路径，葫芦于小处成为民众饮食起居所需之物，经济财富之源，信仰诉求形式等，大者则被塑造成为当地城市的文化地标、宣传品牌，有的成为社会经济产业的新兴途径、对外交流的文化名片。

这部丛书富有科学精神和人文视野，是葫芦文化研究与普及的一部力作，不仅对葫芦文化的发展历史与现实做出了全面系统的梳理和研究，也对民间文化、民间艺术的个案研究和历史研究做出了深入的探索，富有启示意义。中华文脉历久弥新，需要的正是这样磅礴而专注的努力和实践。

序言如上。不妥之处，敬请各位同仁和读者朋友指正。

潘鲁生

2018 年 3 月 29 日

序　二

伴随着文明社会的发展，葫芦流布于世界各地，演化为人类生产、生活与生命信仰中的亲密朋友，用途广泛、影响久远，葫芦除了是一种自然瓜果外，还是一种人文瓜果。在中国，葫芦文化绵延数千年，是“中华民俗文化中具有一定意义的组成部分”。

在传承久远、洋洋大观的葫芦文化中，本丛书从史料、文学、器物、图像、植物、地域等角度加以梳理，采撷其粹，集结汇编，向世人展现博大精深的中华葫芦文化。谈及这套丛书的编纂，还得从我的经历说起。

我出生于《沂蒙山小调》诞生地葫芦崖脚下，从小生活在浓厚的葫芦文化氛围之中。忆及儿时，家家种葫芦，蜿蜒的藤蔓和悬垂的瓜果随处可见，传说八仙之一铁拐李的宝葫芦即采于此。又因中国古代曾称葫芦为扈鲁，遂以此为笔名，亦寓意扈姓鲁人。葫芦从开花作纽到长大成熟，不断轮回的画面在我脑海里生根发芽，缓缓流淌，生生不息。巧合而幸运的是，高中毕业后，我考取了曲阜师范大学，攻读美术专业，毕业留校工作，由于对葫芦题材花鸟画情有独钟，工作之余投入很多的精力和时间创作写意葫芦画，收藏葫芦，研究葫芦文化，参与国内外的葫芦文化活动。2007 年，创建了葫芦画社；2010 年，建立了葫芦文化博物馆；2013 年，组织成立国际葫芦文化学会；2015 年，启动了“最葫芦·葫芦文化丝路行”工程等等。这些努力赢得了业内前辈专家的认可，著名画家陈玉圃先生十分赞同我“开创‘葫芦画派’”的观点；潘天寿先生的高足、我大学时花鸟画老师杨象宪教授在看过我的写意葫芦画和葫芦收藏后欣慰地说：“从此我不再创作葫芦题材花鸟画，这个题材就交给你了”，并为我题写了“贵在坚持”四个大字，鼓励我坚持自己的葫芦题材创作方向。

为了更好地创作葫芦题材的花鸟画，了解各种葫芦的形态，如长柄葫芦到底有多长，大的葫芦到底有多大等，我开始收藏葫芦，随着葫芦藏品不断丰富，发现葫芦承载着丰厚的文化内涵，对葫芦背后的民俗文化也逐渐了解、熟悉并日渐痴迷。后来，越来越感受到葫芦文化的奥妙无穷，相比之下，自己所做的工作和取得的成绩真是沧海一粟，微不足道。同时，我认识到现实中葫芦文化在人类生产、生活和精神世界中的衰落，也是一个无法回避的重要问题，这促使我深感传承和创新优秀葫芦文化的重要性和紧迫性。为此，我曾许下弘愿，要让葫芦文化在我们这一代振兴而不是衰落，要大放光彩而不是黯然失色。这种想法一直盘桓于胸，久久难以释怀。

幸运的是，我的梦想在一次偶然的与友人相会中忽然变得触手可及。那是在 2015 年的初秋某日，老友叶涛教授（中国社科院研究员、中国民俗学会副会长兼秘书长）前来探访，并参观葫芦文化博物馆、葫芦画社。这次来访距离上次叶教授参观草创时期的葫芦画社已经过去了 8 年，参观过后，叶教授用“无比欣慰”对我 8 年来的成绩给予了充分肯定，并且凭着他敏锐的学术眼光和多年从事民俗文化研究的经验，一针见血地指出：葫芦文化是中华优秀传统文化的重要组成部分，古今学者名家对这一题材都有涉猎，但在全面深入、系统整理方面乏善可陈，建议由我组织编纂一套《葫芦文化丛书》，可为全面系统地研究葫芦文化奠基供料。老友一语点醒梦中人，一番高瞻远瞩的建言令所有钟爱葫芦文化者为之心动，我自然也不例外，所谓“夫子言之，于我心有戚戚焉”。当时，我就表示要做，且要做好此事。尽管如此，在许诺之后，自己的内心除了惊喜、振奋之外，更多的是一种忐忑不安，不禁扪心自问：国内有这么多葫芦研究专家，“我到底行不行？”“为什么是我？为什么不是我？”类似的疑问盘桓脑海良久，但传承与弘扬中华葫芦文化的愿望亦是心头萌生良久之物，一份为弘扬传统葫芦文化而义不容辞之责让我毅然站在新的起跑线上，担起组织编纂《葫芦文化丛书》的大业与重任。决心一下，我开始组织有关人员分头搜集与葫芦有关的资料。当年 12 月份，叶涛教授再次专程来到曲阜，指导丛书编写事宜，经过充分讨论、酝酿，本次会面决定从《研究卷》《史料卷》《文学卷》《器物卷》《图像卷》等几个方面来梳理资料，汇编成册。接着，我开始四处联系专家、学者，并北上京津拜访名士，横跨南北，纵贯多省，十几个城市的几十名专家出于对葫芦文化的热爱和对我的厚爱，开始陆续加入到我们这个团队中来。

2016 年春节期间，热闹喜庆的气氛让我忽然想到，中国有几个地方都举办精彩纷呈的葫芦文化节，是不是再增加一卷《节庆卷》才会让这套书更完整？我顾不得春节休息，马上打电话和叶涛教授沟通汇报，他充分肯定了我的意见，觉得很有必要。但后来，深入思考后觉得由于每个地方特色各异，情况不同，在一卷里难以展现不同地域的全貌，我再次请教叶教授，最后我们决定增加《澜沧卷》《葫芦岛卷》《东昌府卷》地方三卷，以期对这三种具有地域代表性的葫芦节庆和葫芦文化做出全面深入的总结。至此，《葫芦文化丛书》已成八卷之势。这里需要特别说明的是，叶教授从策划、设计到每一卷的确定，甚至具体到章节，都付出了巨大的心血，每每是在百忙之中不辞辛劳地与我反复沟通、协商、指导，可以说，没有叶教授，就没有本套丛书，在此，我必须向叶涛教授表达最诚挚的谢意。

那个寒假，除确定了八卷本编纂任务外，我还联系中华书局，于 2016 年正月十四日赴北京拜访，汇报编纂方案，得到金锋主任、李肇翔先生的充分肯定，并答应由中华书局出版发行丛书。随后，我组织部分青年朋友和专家学者，撰写和论证丛书提纲，制定编纂计划，一个庞大的学术计划若隐若现，在不断的实践中渐渐成形，悠然而启。

在众多学界同仁与友人的鼎力支持下，2016年3月12日，《葫芦文化丛书》编纂工作会议在曲阜师范大学举行。会议召开前夕，在和与会专家聊天时，叶涛、张从军等教授提出，我们这套丛书尽管已经八卷，看似完备，但好像还缺少点什么，葫芦是从哪里来的，它的根在哪里？是不是还应该再从科学的角度对葫芦这个物种进行界定？闻此，我犹如醍醐灌顶，连夜联系到包颖教授，与她商讨此事，于是《植物卷》应运而生。至此，丛书九卷本的整体架构最终定型。

这次编纂工作会议开得非常成功。来自中国社科院、国家博物馆、中华书局、南开大学、山东工艺美术学院、山东建筑大学、曲阜师范大学、云南省社科院、黑龙江省文史馆等高校和科研单位的30余位专家学者，以及云南省澜沧拉祜族自治县，辽宁省葫芦岛市葫芦山庄，山东省聊城市东昌府区、济宁市和曲阜市等地的有关政府部门和社会团体负责人汇聚一堂，围绕丛书编纂工作展开研讨，都表示要力争将其做成“填补国内外葫芦文化研究的空白之作”。会上，确定了丛书编纂体例和各卷编纂成员，并由中华书局出版发行。《葫芦文化丛书》从此进入了正式编纂阶段。

在接下来的时间里，编纂团队全体成员怀着崇高的使命感，为了共同的目标不辞辛苦，竭尽心智，克服时间紧张、任务繁重、头绪杂乱等诸多困难，牺牲大量的休息时间，严格按照进度要求，执行质量标准，加强协作配合，全力推进丛书编纂工作，尤其是南开大学孟昭连教授承担了两卷的编写任务，而且孟教授接手《器物卷》较晚，其困难更是可想而知。各位专家表现出的忘我奉献精神和严谨治学品格令人钦佩。特别值得一提的是，在丛书编纂过程中，我们于2016年7月和10月在中国曲阜文化国际慢城葫芦套民俗村和聊城市东昌府区分别召开了丛书推进和审稿会议，葫芦岛市葫芦山庄将于2018年第九届国际葫芦文化节承办《葫芦文化丛书》发行仪式，有关地方政府、葫芦文化产业等都给予了积极配合和大力支持。同时，山东民俗学会等单位和个人也陆续加入到我们这个大家庭中来，让我看到在中国这片土地上复兴中国优秀传统文化的希望。在葫芦文化的感召下，丛书编纂团队同心协力，共同汇聚成一股强大的精神力量，推动着丛书编纂工作一步步扎实前行，最终如期完成，倍感欣慰。

在丛书即将付梓之际，我百感交集，感激之情无以言表，对丛书编纂过程中给予亲切指导、大力支持的各有关单位和诸位领导、专家、学者与同仁表示诚挚的感谢。感谢山东省文化厅，感谢中共澜沧县委、澜沧县人民政府，感谢中共东昌府区委、东昌府区人民政府，感谢山东省“孔子与山东文化强省战略协同创新中心”，感谢现代生物学国家级虚拟仿真实验教学中心，感谢曲阜文化国际慢城葫芦套民俗村，感谢京杭名家艺术馆杨智栋馆长，感谢辽宁葫芦山庄文化旅游集团有限公司王国林董事长，感谢山东世纪金榜科教文化股份有限公司张泉董事长，感谢聊城义珺轩葫芦博物馆贾飞馆长，感谢曲阜师范大学胡钦晓教授。感谢潘鲁生先生欣然为之作序，让本丛书增色颇多，感谢丛书的顾问刘德龙、张从军、傅永聚、叶涛等诸位先生为丛书规划设计、把关掌舵，感谢中华书局金锋、李肇翔、许旭虹等同仁对丛书出版付出的心血和大力支持，感谢孟昭连、高尚榘等我尊敬的专家教授，感谢我可亲的同事们和全国各地葫芦文化同仁朋友们，感谢我不辞辛劳的学生们和无数共举此盛事的人们，言不尽意，或有遗漏以及编纂不周之处，请诸位见谅，心中感念永存！

我是幸运的，有诸位同道师友与我一起共赴理想，描绘中华葫芦文化的绚丽多姿；我们是幸运的，身处一个伟大的时代，民族复兴的滚滚春潮孕育、催生着一朵朵梦想之花。2013 年 11 月 26 日，习近平总书记视察曲阜并对弘扬中华优秀传统文化发表重要讲话。我作为孔子家乡大学的一名从事葫芦文化研究的学者，倍感振奋、倍受鼓舞，习总书记的讲话为我的研究事业指明了前进方向，提供了根本遵循。也就是自那时起，我更加清醒地认识到肩上的使命，更加系统地思考谋划葫芦文化研究事业，进而形成了“一脉两端”整体研究格局。“一脉”即中华优秀传统文化之脉，“两端”即“向上提升”“向下深挖”；“向上提升”

就是将葫芦文化研究提升到贯彻落实习近平总书记曲阜重要讲话精神，推动中华优秀传统文化传承弘扬，为中华文化繁荣兴盛贡献力量的高度；“向下深挖”就是要扎根“民间”“民俗”“民族”的优秀传统文化，推动葫芦文化通俗化、大众化、时代化。五年后的今天，当初那颗梦想的种子已经生根发芽，吐露着新绿。我坚信，沐浴着新时代的浩荡东风，她必将傲然绽放出更加夺目的光彩！

艺术是文化之脉，文化是艺术之根——这是我从事葫芦文化研究工作的深刻领悟。一名艺术工作者只有将根基深扎在中华文化的沃壤上，其艺术创作才会厚重而不轻浮、坚定而不盲从，才会充溢着炽热而深沉的人文情怀，由内而外生发出撼人心魄的艺术力量。毫无疑问，葫芦文化研究对葫芦题材绘画创作的涵养与提升，其作用正是如此。在长期的民间探访、乡野调查、写生采风和对葫芦文化的发掘整理中，我对葫芦的形与神、意与韵、气与骨，都有了更为深切的体悟。这些慢慢累积的情感，聚于胸中，流诸笔下，使我的艺术创作更加纯粹淡然，无论是水墨的点染还是色彩的铺陈，都是我与心灵的对话，对生命的赞美，对文化的致敬。

葫芦就像一个音符，永远跳跃在我的心头。此前大半生我用尽心力去创作、收藏和研究葫芦，此后之余生亦会毅然决然地投身于葫芦文化事业之中，平生与葫芦结下的一世缘分，愈久愈深，浓不可化。九卷本《葫芦文化丛书》是一个新的起点，我会在传承与创新葫芦文化的漫漫长路上竭我所能，略尽绵薄。

是为序。

扈鲁

2018 年端午节

目 录

概述

葫芦图像艺术

葫芦是我国历史上最悠久的瓜类植物之一，在距今约七千多年的浙江余姚河姆渡新石器时代遗址中曾发现破碎的葫芦和葫芦籽，另外在江苏、湖北、江西、四川、广西等地的商、周、春秋墓葬中也都有葫芦和葫芦瓢出土。有学者在对甲骨文的研究中，发现甲骨文中的“壶”字酷似现实生活中某些葫芦的造型，猜测甲骨文中的“壶”即指“葫芦”，并推断我们的先民已经用葫芦作为盛水容器，这也直接影响了以后陶器与青铜器的造型。而在中国古籍文献中有关葫芦的记载最早可追溯到《诗经》,《诗经·邶风》云：“匏有苦叶，济有涉深”；《诗经·卫风》云：“齿如瓠犀”；《诗经·豳风》云：“七月食瓜，八月断壶”；《诗经·小雅》云：“南有木，甘瓠累之”。其中的“匏”、“瓠”、“壶”、“甘瓠”均指葫芦，陆佃《埤雅》曰：“长而瘦上曰瓠，短颈大腹曰匏”、“似匏而圆曰壶。”《诗经》之后，记载葫芦的文献更多，清代《古今图书集成》统计提到葫芦的古书有近百部（篇），至于葫芦的名称也纷繁多样，如瓠、匏、壶卢、蒲芦、胡卢，还有机卢、瓢芦、范卢、扈鲁等。直到唐朝，“葫芦”的称谓才开始流行起来。

图像中的葫芦形象印迹可以说随着葫芦文化的诞生就已经产生了。中国传统的葫芦图像文化源远流长，且分布广泛，也形成了包罗万象、多姿多彩的艺术形象，体现于各个民族的生活、生产中，究其原因应在于葫芦蕴含着中国传统文化的多层意义。按照图像学代表图像学家潘诺夫斯基的理论，对葫芦图像的阐释有三个层次，第一层次是“前图像学描述”，它主要探讨葫芦图像的再现、模仿的“自然意义”，包括形式、线条、色彩、材料及技术手段，是关于图像本体语言的阐释。第二层次称为图像寓意阐释学，它主要探讨葫芦图像所暗含的“常规意义”，是源于某种普遍的因果记忆或逻辑推理，即葫芦的“图像内容和寓意”。第三层次是图像研究的解释，它关注的是葫芦图像生产的文化密码，即彼得·伯克在《图像证史》中所说的“揭示决定一个民族、时代、阶级、宗教或哲学倾向基本态度的那些根本原则”，可称为图像文化阐释学。

古往今来，葫芦不仅成为人们生活中的实用器物，也一直是人们热衷表现的艺术题材，从而产生了大量的葫芦图像艺术，也形成了纷繁多样的葫芦图像体系。

一　绘画中的葫芦图像

葫芦题材的绘画是葫芦图像艺术的重要组成部分，中国历史上有很多画家都以葫芦入画。在葫芦写意绘画中，大多以藤为线，以果、叶为面，构图上突破传统，注重葫芦瓜果与枝叶的空间穿插；造型上夸张变形，不强调自然物体的透视关系和光色变化，不拘泥于物体外表的肖似；设色上重视意象性，多强调作者的主观情趣，以形写神，追求“妙在似与不似之间”的感觉。其表现形式不仅具有中国画的一般属性，同时还富含浓郁的民俗文化内涵，具有极强的表现力。

葫芦科植物作为独立形象出现于绘画中，最早大约出现在宋代。《瓜瓞绵绵图》即是宋代无名氏的工笔作品，画面上有三个葫芦瓜重叠，叶子和藤须少量，无题款。宋代绘画中葫芦形象还不多见，更多的是南瓜、西瓜等葫芦科植物。现存的葫芦科果蔬类花鸟画有赵昌的《南瓜图》、钱选的《秋瓜图》，无名氏的《瓜实图》、《瓜瓞绵绵图》等，表现精工细丽，造型周密端庄，设色浓重典雅，生动逼真，反映出宋代宫廷贵族的审美特征。而葫芦在绘画中，其表现多是在一些道释神仙的人物画中作为道具符号出现，具有典型的宗教内涵。古代行走四方的医者、道人多以葫芦装药，由此葫芦成为济世救人的象征。宋代人物画如李公麟的《莲社图》、戴进的《钟馗迎福图》、颜辉的《李仙图》、马远的《踏歌图》以及佚名的《憩寂图》、《大滩图》等，都是以仙人或道士为主，葫芦只作为盛器等随身佩戴，代表医药、健康、长寿，进而寓意护佑平安、济世救人、驱灾避凶。在北宋著名人物画家张择端的《清明上河图》中也有葫芦出现，这说明葫芦在古代生活中应用已很普遍。

元代，中国画受特定社会现实和艺术本身要求的影响出现了明显的变化，文人画成为画坛主流。此时艺术的教化功能和统一规范被削弱，创作变成了画家抒情言志、怡情娱性的手段。这时抒情言志的梅、兰、竹、菊和山水画题材大量出现，绘画形式上强调和追求恬适自然。元代的葫芦题材花鸟画也并不多见，葫芦也只是在一些人物画中作为配饰出现。如元代画家颜辉所绘《铁拐图轴》（现藏于日本京都智恩院），又名“李铁拐像”，绢本着色，铁拐李着深色玄袍，侧身坐于峭石上，瞪目仰视前方仙童，右肩斜挎一袋，袋口葫芦法器凸起，人物衣纹粗笔勾染，鬓发细笔钩描，对比鲜明。清官修《御定佩文斋书画谱》卷八十五也记载了元赵雍所绘的《药王像》，即手执葫芦，“赵仲穆用龙眠法写药王像，坐藤竹床，手执葫芦在芭蕉林中，喻是身之非坚也。……”

明清两代，葫芦题材花鸟画逐渐增多。葫芦因谐音为“福禄”，是“福禄吉祥”、“健康长寿”、“大吉大利”的象征，因此明清以来尤其受到人们的喜爱，除了成为文人笔下常见的绘画题材，也大量运用于瓷器、玉器等工艺品中。明代尤其明中期以后，随着商品经济的发展，艺术消费的需求大增，市民阶层的审美趣味也得到普遍重视，绘画出现了世俗化的倾向。除了传统的梅兰竹菊等题材以外，花鸟画题材也越来越广泛，像葫芦等富有吉祥寓意的题材也开始受到人们喜爱。明代画家沈周和徐渭都画过葫芦，明代吴门画派代表沈周的《花果杂品二十种》，画面两只瓜，一只是水墨，一只白描，一阴一阳，一实一虚，反映出明代中期的绘画审美趣味；明末徐渭的《蔬果图》手卷，画面以白描手法绘一葫芦瓜，笔法灵动，淡色渲染，生趣盎然。

清代花鸟画继承明代的文人画传统，更加强调以书入画，民间绘画更加倾向世俗化、商品化，作为民俗吉祥寓意的葫芦绘画也开始增多。明末清初画家八大山人笔下的葫芦瓜，形简神具，极具象征意义。“扬州八怪”中的金农、罗聘、李鳝、李方膺等也都画过葫芦。罗聘为金农入室弟子,他善于用指头画葫芦。他的葫芦画继承师法,又不拘泥于师法,笔调奇特，自创风格。其代表作品《葫芦图》受金农影响，只画了随意堆放的两只葫芦，一稳坐，一倾斜，一老气横秋，一稚气未脱，笔调奇创，别具一格，表达了画家对日常生活情趣的关注。李鳝笔下的葫芦任意挥洒，喜于画上作长文题跋，字迹参差错落，使画面显得格外丰富，其作品也对晚清花鸟画有较大的影响。李方膺的葫芦画笔法苍劲老厚，不拘形似，活泼生动。另外，清代画家赵之谦的葫芦画在物象造型上注重对自然的描绘，虽然枝叶繁茂，但层次分明，其作品从造型到设色都十分考究。另外，清代画家蒲华著有传世名作《石榴葫芦图》，作品以石榴和葫芦为主题，画中一石榴从画左向向上伸展，其上有一葫芦从画上向下垂出，以石榴开，用葫芦合，收放自如。清代画家虚谷也常画葫芦，其作品讲求以书入画，笔法多见侧笔，或侧中寓正，在侧锋中寓有浑成的意味，浑厚中又含妍丽。

民国时期是一个文化多元的时代，画坛也呈现出异彩纷呈的局面，绘画题材多样，也更加世俗化和商品化，此时作为吉祥寓意的葫芦画也开始大量出现。被中国美术史学界誉为“20 世纪传统中国画四大家”的吴昌硕、齐白石、黄宾虹、潘天寿都画过葫芦，尤以吴昌硕和齐白石最为突出。吴昌硕先生是晚清民国时期著名的国画家、书法家、篆刻家，他擅长以草篆入画表现藤蔓花卉植物，作画重气势，设色大胆，用色混而不脏，艳而不俗。其葫芦绘画更是凭藉他极具金石意味的草篆笔法写藤蔓，盘纡缭绕，构图疏密，气势雄浑。吴昌硕自云“苦铁画气不画形”、“食金石力，养草木心”。他的作品《依样》写葫芦大藤，中锋用笔，行笔稳健不快，尽显以草篆之笔入画的气势，起落分明，洒脱，毫无做作之态，似乎都在有意与无意、有法与无法之间驰骋，表现出深厚的大篆书法功力。笔墨的意态上，收散自如，潇洒脱俗。以泼墨写叶，浓墨勾叶筋，淡墨写葫芦，藤蔓则盘旋往复，贯通全画，恣意流动。在疏密虚实的处理上，实处密不透风，虚处中疏通透，疏密得当、虚实相生。设色上则古朴典雅，用笔豪放，充分表现了吴昌硕先生古拙、浑重、豪迈的画风。

近代绘画大师齐白石先生也热衷画葫芦，一生画葫芦几十年，越至晚年笔墨越率性，放怀驰骋。据不完全统计，现存齐白石葫芦画约有近百件，可谓是葫芦绘画的集大成者。对于白石老人而言，葫芦尤其寄托了他独特的情思，“因喜葫芦能解笑”。他在《画葫芦》中曾题诗言：“劫后残躯心胆寒，无聊更变却非难。一心要学葫芦诀，无故哈哈笑世间”，他表达了他劫后余生的豁达。他在另一幅《画葫芦》中还题诗“风翻墨叶乱犹齐，架上葫芦仰复垂。万事不如依样好，九州多难在新奇”，借葫芦千姿百态直指时局的混乱。在《葫芦蚱蜢》中也题道：“余曾见大畸翁院落有一藤一木，其瓜形不一，始知天工自有更变，使老萍不离依样为之也”，可见其对生活的热爱。而另一件《葫芦》则题识“头大头小，模样逼真，愿人须识，不失为君子身”，以拟人的手法赋予葫芦以人格魅力。

齐白石的葫芦绘画大致可分为三类。第一类是以葫芦为主题的设色画，多以大块的浓墨或淡墨铺叶子，勾叶筋，或不勾叶筋，以藤黄或鹅黄画葫芦，或者在葫芦上辅以螳螂、蜻蜓或其他草虫，现在所见的齐白石葫芦画多属此类。第二类为白描或纯水墨，只以淡墨勾出葫芦的轮廓，再配以简短的题句或辅以大块的墨叶，此类作品在其葫芦绘画中较为少见。第三类则出现在人物画中，葫芦只为配饰，《铁拐仙图》、《罗汉图》即属此类。齐白石所画葫芦属于大写意，以篆籀和汉隶笔法入画，常常是以篆籀笔法画藤，以浓淡墨画叶，以赭黄画匏，藤蔓婉转灵动，叶子浓淡分明，笔墨淋漓自然，色彩对比强烈、沉稳，极富抒情意味。从构图上来看，画面多留白，虚实相生，有的画面绘一只葫芦，有的则绘有小雀或螳螂、蚂蚱、蜻蜓等草虫，且多为精致工细之笔，使画面工写结合，视觉效果丰富。从齐白石葫芦作品来看，他七八十岁所画葫芦为最佳。这一阶段的葫芦作品只用粗笔画轮廓，中间平涂数笔；叶子寥寥几笔，叶筋勾勒；蔓子采用狂草画法，一挥而就。他说："画藤以垂为佳，牵篱扶架最难大雅，余故不辞万幅雷同。"在他的《大吉图》中，画面四竹架、六葫芦、九叶片，有"事事如意"、"六六大顺"、"天长地久"之寓意。九片叶子墨有深浅层次，六只葫芦若隐若现，蔓子乱而有序，构图繁复，将葫芦、叶子与藤架串为一体，无论题材、画工，堪称齐白石先生绘画中不可多得的佳作。

除吴昌硕和齐白石以外，民国及新中国时期的其他画家也有很多涉及葫芦题材，如陈师曾、黄宾虹、潘天寿、陈半丁、刘海粟等。陈半丁先生的作品常以洗练概括的笔墨和鲜丽沉着的色彩，表现花卉的千姿百态，其作品《葫芦图》曾经在荣宝斋拍卖会上高价成交。潘天寿先生的葫芦绘画，构图新颖，造型奇崛，将传统葫芦绘画的写意笔墨又发展到一个新阶段。

20世纪以来，随着中国画发展的多元化趋势，葫芦题材的花鸟画在遵循传统绘画规律的基础上，也出现了各种各样的表现方法。在构图上，打破传统构图，大胆借鉴设计构成形式，注重点、线、面的画面关系；造型上强调夸张变形，特别是葫芦的造型在方圆之间变化，非方非圆，亦方亦圆，更富有表现力；在设色上，借鉴现代的色彩表现形式，强化视觉冲击力。总之，富有传统水墨特色的绘画形式与具有现代装饰特色的绘画表现，共同构成了丰富多彩的葫芦绘画体系。

二　民艺中的葫芦图像

在民间，葫芦不仅是人们日常的生活器具，也是民间重要的吉祥物。葫芦造型浑圆中空、密封性强，常被老百姓用来盛酒、盛药，做水瓢，做浮子，做播种器……是最佳的天然盛器。另一方面，由于葫芦藤蔓绵延，果实多产，外形饱满，加上其谐音“福禄”，因此成为民间的寄情之物，也产生了众多的吉祥图像。在民间传统绘画、雕刻、剪纸、刺绣、年画以及文玩、挂件等艺术中，葫芦图像是常见的表现题材，且都与吉祥寓意密切相关。作为中国民间艺术的中心观念，“吉祥”这一民间追求是中国绵延千年的一个永恒主题。按汉字训诂，“吉祥”可解释为“吉利”和“祥和”，说谓“吉者，福善之事；祥者，嘉庆之征”。《说文》曰：“吉，善也；祥，福也。”《释名》曰：“吉，实也，有善实也。”“羊，祥也，祥善也。”《周易·系辞》：“吉事有祥”，“吉”与“凶”相对，“祥”则是征兆。吉祥观念是中国人对万事万物希冀祝福的心理愿望和对自我生活的美好追求，具有极强的理想色彩。

在中国人的传统观念中，祈子延寿、纳福招财、驱邪禳灾是每一个人恒常的生命愿望。一方面，无论是生子继嗣、情恋婚嫁、喜庆寿礼、终老丧葬，还是劳务、应酬、家居、旅行等，都要图个吉利；另一方面，由于汉语和汉字的读音、结构有关，出现了“谐音”现象，因此也出现了所谓的“吉语”，并约定俗成固定下来，俗话说“出口要吉利，才得人欢喜”，而这些愿望通过与有关形象的结合便成了吉祥图像。民间艺术形象的构成有其自身的特点，在中国传统的民间图像中，任何形象都富有吉祥寓意，“图必有意，意必吉祥”。可见，中国民间艺术中的形象多是意向性的造型，是一种具有特殊意义的最具典型性的象征性艺术。虽然民间艺术中的形象是对事物的客观描述，但其中却蕴含了特定的寓意和内涵。因此民间艺术图像主要包括两个层面的内容，一是装饰中所用的形象，二是通过这些形象所表现出来的寓意。可以说，当自然之物注入审美主体的特定观念时，它便会与审美主体相联系并形成较为稳定的社会意义，从而也由最初的自在之物转化为作为艺术的为我之物。例如葫芦的形态构造等自然属性，在审美主体的参与下很自然地与生命生殖联系起来，使它具有了特定的人文寓意。通过托物寄意、以物寄情的艺术方法，寄托了民众现实生活中的理想化追求和愿望，这也是中国传统民间艺术中极富色彩的部分。张道一先生将这种以物寄情的寓意内容总结为“福、禄、寿、喜、财；吉、和、安、养、全”等十大类，其中，“福”、“禄”、“寿”、“喜”、“财”作为核心，并通过象征、谐音和表号的手法最大化地表达出人们对美好生活的期盼。

葫芦图像作为吉祥文化，首先是作为生殖崇拜对象被描述的。在古人的观念中，许多民族都有葫芦生人的传说，认为葫芦是“太古之器”，是人类的始祖。人类学研究也表明，古人在长期的生活中很可能发现葫芦具有顽强的生命力，且外形圆润饱满，内腹中空，其内多籽，与女性孕育有着某种联系，因此产生了与生殖的关联。《诗经·大雅·绵》：“绵绵瓜瓞，民之初生。”这“瓜瓞”就是指葫芦，意指“人从葫芦出生”，这绵绵延续的葫芦就是人所诞生的母体。在我国仰韶文化出土的人头形陶器——葫芦人，头为女性头，身为葫芦体，也正是母体崇拜的证明。在我国云南省的沧源岩画中有一幅图像，据专家分析推测就是“出人葫芦”——是一对葫芦的横置镜像，有人形模样的形象正从葫芦形穴心中钻出，这种描述也与当地佤族“葫芦生人”的神话传说相吻合。也有学者指出传说“盘古开天辟地”中的盘古就是槃瓠，也即葫芦，它是创造人类和万物的造物主，是人类的先祖。另外，古代婚俗有喝合卺酒的风俗。“卺”，古代结婚时用作酒器的一种瓢。旧时夫妻结婚时，将一瓠瓜分为两瓢，用线把两个瓢柄相连，新郎新娘各执一瓢以合饮，名合卺，也称合瓢，《礼记·昏义》曰：“妇至，婿揖妇以入，共牢而食，合卺而酳，所以合体、同尊卑，以亲之也。”象征夫妻从此合为一体，也寓意夫妻好合、早生贵子。更有意思的是，还有人认为葫芦崇拜也极有可能与男根崇拜有一定的关系。从葫芦尤其是“瓠瓜”的外形来看有男根的象征，恰似男根勃起的状态，也体现了葫芦所具有的生殖能力。这样的认识在晋西北地区有所体现，据说当地生男孩时都要在窗外贴一对剪纸的葫芦作为象征。由此，葫芦一体多喻，与人类的生殖建立起了有机联系，也成了繁衍的象征。在中国各民族的刺绣和剪纸艺术中，这类的葫芦图像很多，如“葫芦娃娃”、“葫芦童子”、“葫芦生子”、“子孙葫芦”等，都与生殖崇拜有关。造型藤蔓茂盛，硕果累累，有的是葫芦中有娃娃，有的形象是娃娃头、葫芦身，还有的直接将娃娃设计成葫芦形状。

与生殖崇拜相联系，民间还多以葫芦作为多子的象征。在中国传统农业社会，人们都期望子孙满堂，多子多孙不仅能解决劳动力，使家族富裕，更代表着家族兴旺，繁衍不绝，这是中国几千年来所形成的观念。为了这种情感的需求，人们在生活中便从自然界中选择具有繁殖和生存能力强，或外在形态和内在性质上能产生“多子”含义的事物来表达家族繁衍的理想。由于葫芦是藤蔓生植物，果实累累、籽粒饱满，自然令人产生兴旺、繁茂的联想，故赋予了它“多子”的寓意。早在春秋时期，《诗经》中因瓜田里遍布着大瓜、小瓜，彼此又有瓜蔓相连，就以“瓜瓞绵绵”来代表子孙绵延、越来越繁盛。闻一多先生也认为瓜类多子，是子孙繁衍的最好象征。另外，葫芦藤蔓枝茎蜿蜒缠绕，还被称为“蔓带”，谐音“万代”，故葫芦与它的藤蔓一起又被称为“福禄万代”、“子孙万代”。这种理想化的比拟产生了大量的葫芦图像艺术，在剪纸、刺绣、雕刻艺术中都有体现，诸如“瓜瓞绵绵”、“串枝葫芦”、“万代长春”等，其造型多是枝叶藤蔓缠绕，其上缀大大小小的葫芦，一派繁荣气息。总之，葫芦因其特殊的内部结构和外在形态以及生长特性所产生的多藤蔓、多果实、多籽粒的特点，成了“繁衍生育、多子多孙”的象征。

葫芦在民间还有神仙法器、济世救人的寓意。葫芦外表坚硬，内部中空，可以说是最环保、最实用的盛器，因此古时也是医家、道人盛装丹药的必需之物。古代医者、道人、神仙图像中常有葫芦相伴，代表着医药、健康，也有庇佑平安之意，也成为济世救人的象征。药店、行医也常以葫芦为幌子，“悬壶”也成为买药行医的代名词。中国古代的医道往往是合为一体的，医家多道人，道人即医家，历史上的陶弘景、孙思邈皆是如此，葫芦也成为他们的必须之物。另外，由于葫芦内部具备封闭、容纳、包藏的自然性态，使葫芦呈现出某些神秘的意味，也逐渐成为求仙之人追求的世外仙境。《神仙传·壶公》曾讲述过一仙道卖药济世的故事：仙人壶公常在集市卖药并广济民众，卖药时常悬一“壶”于座上，天黑后转身跳入“壶”中不见踪影，一个叫费长房的人偶然发现壶公遁入壶中，很是惊奇。壶公见其秉性不错，便带他跳入壶中，但见壶中“楼观五色，重门阁道”，壶天仙境，别有洞天。这是有关“壶天”灵仙之气的生动描写，也反映出人们对葫芦这一自然物的钟爱。如此神奇的葫芦也自然成为道家做法的法器、宝物，道家认为它内含天地之气，法力无边，可以招神遣将，降魔伏妖。传统的神仙图像中，如太上老君、南极仙翁、铁拐李等身边常有葫芦相伴，或背于肩上，或挂于杖头，或捧于手中。传说太上老君有一个紫金红葫芦，产自昆仑山下仙藤之上，具有无比的威力。此外太上老君的炼丹炉旁还有五个葫芦，内盛仙丹，孙大圣大闹天宫时曾偷吃里面的仙丹。“八仙”之一的铁拐李也有一个从不离身的葫芦，相传是太上老君所赐，里面有饮不尽的琼浆玉液，也有起死回生的灵丹妙药，更有降妖伏魔的法力。在民间的图像中，人们还常常用葫芦直接代替神仙本人，比如“暗八仙”就是以神仙所持的法器指代神仙本人。

葫芦的神性在民间自然也广泛出现于民俗生活中，成为收毒祛疾、驱邪禳灾的吉祥物。既然葫芦是神仙的法器，人们自然确信在日常生活和岁时节令，也可以用它来辟邪禳灾。在我国不少地方，农历五月初五端午节都有或贴或挂葫芦图像的习俗。根据农时与气候来看，端午节是毒虫活动、疾病流行的时候，因此民间习俗有插艾草，饰“五毒”剪纸、喝雄黄酒等活动。民间“五毒”一般指蛇、蝎子、蜈蚣、蜥蜴和蟾蜍五种有毒的虫子，这些虫子经常在居室和田间出没。为了避除毒害，一方面用草药防止害虫叮咬，另一方面则用刺绣、剪纸等形式创作五毒图案、吸毒葫芦、倒灾葫芦等饰于身上、贴于门上，用以避邪。河北端午节在门旁插艾一枝，上悬纸葫芦一枚，借以避邪免灾。在辽宁，清代“端午节”门上要挂纸葫芦，曰避瘟疫。有些地方这月的初一就剪彩色葫芦贴于门楣上，初五晚上取下弃之；有的则是初五清晨将剪纸葫芦倒贴于门楣上，到午后取下丢掉，谓之泄气、泄毒。山东地区端午节多是剪葫芦装五毒，并饰以老虎、宝剑等，表示葫芦有收毒功能。除了端午节有悬纸葫芦的习俗外，其他节令也有用葫芦驱毒祛邪的传统。明代北京除夕就有门窗贴红纸葫芦的风俗，曰收瘟鬼；清代河南荥阳元旦也有悬葫芦祛灾的传统，“悬瓠于户，富来灾去”；在河南，旧时二月二常置葫芦于室内，敲屋梁以祛除蝎虫；在晋北地区，谷雨时节家家墙上要贴葫芦吸毒或宝剑斩蝎子的剪纸，寓意葫芦宝剑一出，五毒害虫俱亡；云南旧时，在立秋时则以红布剪出葫芦形缝于儿童后裙上，用以祛疾。民间普遍认为葫芦是有仙根的宝物，多为神仙的降魔器物，用葫芦来降伏毒虫、驱邪禳灾是最好的寓意手法。

在众多葫芦图像中，有一种是将葫芦与十二生肖结合的表现形式。生肖是古代以十二种动物代表十二地支来记录每个人出生年的方法，即子鼠、丑牛、寅虎、卯兔、辰龙、巳蛇、午马、未羊、申猴、酉鸡、戌狗、亥猪。以动物纪年可以追溯到黄帝时期，明代李果补校《事物纪原》载：“黄帝立子丑十二辰以名月，又以十二命兽属之。”清代考古学家赵翼的《陔余丛考》中也有此记载。1986年，在甘肃天水放马滩秦代墓葬出土的一批《日书》竹简中，记载了战国时秦关于选择吉凶日子的内容，其中有十二生肖的详述，但同今天的生肖兽属略有不同。最早完整记录十二生肖且与今天相同的是汉代王充，在他的《论衡·物势篇》中记述“寅木也，其禽虎也；戌土也，其禽犬也；丑未亦土也，丑禽牛，未禽羊也。……亥水也，其禽豕也；巳火也，其禽蛇也；子亦水也，其禽鼠也……”“子鼠也，酉鸡也，卯兔也。”郭沫若在《甲骨文字研究·释支干》一文中根据《陶斋》“新莽嘉量铭文”认为，十二生肖“始见于东汉。但非创于王充，亦不始于东汉”。可见十二生肖习俗大约产生于战国后期，西汉时趋于完善，东汉时已定型并在民间流行。十二生肖流传于民间不仅成为中国的纪岁传统，也为民间艺人提供了更多的创作题材。然而，十二生肖成为民间艺术中的形象并非单纯为纪年所用，而是与“生辰”崇拜、求子生育等吉祥观念有着密切联系。在各种民间艺术创作中，艺人们不仅将普通动物融入人们的生活中，而且在这些生灵自然习性基础上融入了更多文化意义，譬如赋予“鼠”多子、丰收的寓意，给予“羊”仁义、知礼的美誉。在葫芦生肖图像中，十二种动物形象或是置于葫芦内，或是站于葫芦上，形态夸张变化，富有装饰情趣，另外还有的运用拟人手法创造出具有人格的艺术形象，这种构思不仅包含着深刻的社会现实寓意，也能看出中国人对动物特有的情感。

在中国民间吉祥图像中，谐音是最为常用的表现手法。“谐音”是指在同音或近音的不同事物之间相互借用或转换，也即“以声托事”，它是以生活中常见的原型事物的语音去谐音被表现事物的语音，从而达到从特定意义上表现事物的目的。由于中国文字与语言很多是以象征手法构建起来的，因此形声或象声、谐声成为构成汉字的常见方式。汉字中的形、音、义相互依托、相互交融，形成了中国独特的文化逻辑，也使中国的传统图像艺术产生了无穷的变化。在吉祥图像中，谐音有同音和近音两种。同音如以“蜂”代“封”、“猴”代“侯”，组成“封侯挂印”；近音如“大”与“太”、“小”与“少”而构成“太师少师”。葫芦作为吉祥事物，人们自然少不了对它的演绎。葫芦谐音“福禄”、“护禄”，“福”即幸福、福祉，引申为荣华富贵；“禄”指俸禄、薪给，引申为高官厚禄，同时“福禄”也包含着“寿”、“喜”、“财”，象征着幸福、福气，这是人生追求的最高愿望。同时，葫芦绵延不断的藤蔓被称为“蔓带”，谐音“万代”，故而葫芦与藤蔓合称“葫芦蔓带”、“蒲芦蔓带”，寓意“繁育生育、子孙万代”，是“福禄吉祥”、“健康长寿”、“大吉大利”的象征。有关这样的吉祥图像很多，譬如葫芦与藤蔓寓意“福禄万代”，葫芦与猴子表示“代代封侯”，葫芦与花卉组合象征“万代长春”，葫芦与铜钱寓意“葫芦纳财”，葫芦与蝙蝠组成“福上加福”，五个葫芦可称为“五福临门”，葫芦与笙组合代表“葫芦升”。另外，还有一种以福、禄、寿、喜等文字或花卉、器物组合的葫芦图像，多用于祝寿、贺喜等民俗活动。这些都充分表达了人们对幸福的美好追求，同时也丰富了葫芦图像文化的内容。

在中国灿烂的民间文化长河中，从道家教义到文学艺术，从民俗信仰到日常生活，广大劳动人民始终把葫芦看作一种安身立命的吉祥物。借用各种民间艺术形式，葫芦以独特的寓意成为普通大众表达或寄托美好愿望的重要艺术题材。

中国葫芦图像艺术蔚为大观，它不仅是我国一种自我传承的文化事象，也是展现中华民族自我世界观的行为方式。透过这些艺术形式，我们不仅能感受到葫芦纯朴的生命品性，更能窥见不同生态环境中不同文化、审美、信仰、风俗所塑造的人文景象。作为具有独特美学感悟的葫芦图像，可以说不仅能从一定角度展现传统艺术的发展脉络，而且也能从一个方面体现出中华民族独特的审美观念。随着时间的推移，葫芦图像艺术在不断地变换着不同的艺术形式，也不断地赋予新的时代内容。从图像学的角度来审视葫芦的特征和内涵，不仅为我们了解传统艺术的外在形式提供了一条重要途径，而且还有利于我们解读其背后深藏的中华文化基因。

壹

绘画中的葫芦

一　宋元时期的葫芦绘画

宋朝延续三百多年，民间绘画、宫廷绘画、士大夫绘画各成体系，彼此间又互相影响，在人物画、山水画、花鸟画方面都有很高的成就，构成了宋代绘画丰富多彩的面貌，也成为中国绘画艺术发展的高峰。

作为吉祥寓意的葫芦绘画，在宋代的花鸟画中出现较少，但作为葫芦科的其他种类，如南瓜、西瓜等作品都有出现，可以看做是葫芦画的滥觞。宋代现存的几幅葫芦科的果蔬类花鸟画，有赵昌的《南瓜图》。赵昌，字昌之，宋广汉剑南人，工书法，擅花果，兼长草虫。好写生，自号“写生赵昌”。所作之画明润平滑，活色生香，声誉隆于真宗年间。美国大都会艺术博物馆的亚洲之翼所藏的赵昌《南瓜图》，画面绘一只南瓜、两片叶子，表现精工细丽，重视对植物形象情状的观察研究，造型周密端庄，生动逼真，设色浓重典雅，反映出宋代宫廷贵族的审美特征。宋代无名氏的《瓜实草虫图》，无款，《石渠宝笈三编》、《故宫书画录》著录。画面绘一枚浓绿的南瓜，懒洋洋地躺在地上，熟透，终于忍不住“啪”的一声，把肚皮给撑破了，甜熟的香气随风飘散了开来，就连附近的“纺织娘”——“螽斯”也不禁闻香而来。传统中国农业社会，人心趋吉，人们大多殷切地期望子孙满堂，繁衍不绝。早在春秋时期，《诗经》中就因瓜田里遍布着大瓜、小瓜，彼此又有瓜蔓相连，以“瓜瓞绵绵”来代表子孙绵延、越来越繁盛。生动有趣的《草虫瓜实图》就是一幅多子多孙涵意的吉祥画。这幅带有吉祥寓意的瓜果图，构图虽然简单，但用笔精细，线条有力，赋色也充满了变化的趣味。宋代画家讲求写生，草虫入画，既能表现天地造化万物之奇，又能托寓吉祥，是体现宋画精微及丰富文化内涵的好题材。另外宋代此类瓜蔬类的花鸟画还有无名氏的《瓜瓞绵绵图》、钱选的《秋瓜图》等。同时，《诗经》也常用螽斯能生多子、彼此不妒忌、和睦相处，来比喻子孙众多的有德妇人。因此后人就以“螽斯之徵”、“螽斯衍庆”等，来祝颂别人子孙众多了。

宋代的一些道释神仙的人物画中有葫芦出现，画中的人物多是仙人、道士或者医者，而葫芦只是作为一种道具或实用的工具，是一种身份象征。葫芦作为人物画的道具出现，具有深刻的宗教内涵。葫芦风干后挖出瓤子，是古人常用的容器。葫芦坚固轻便，既能容纳各种固体、液体，腰部拴上绳子系于腰间，又便于携带贮存。古时行走四方的医者、道人多以葫芦装药，葫芦由此成为济世救人的象征。药店以葫芦作幌子，人们因此称卖药行医者为“悬壶”、“悬壶济世”。中国古代道人和医者往往是一体的，道家多制药行医，舍药疗疾，历史上的陶弘景、孙思邈等人即是如此。古代医者、道人和神仙的画像中常配有葫芦，在这一类图像体系中，葫芦代表医药、健康、长寿（寿星的杖头便挂以葫芦），能护佑平安、济世救人，有驱灾难、避凶险的含义。宋代人物画中出现葫芦图像的有戴进的《钟馗迎福图》、马远的《踏歌图》、佚名的《憩寂图》等，画面多绘仙人或道士。葫芦作为盛药、酒等容器随身佩戴，说明葫芦在古代生活中的普遍应用。

中国绘画发展到元代，受特定社会现实和艺术本身要求的影响出现了明显的变化，文人画成为画坛主流。创作主体精神被强化，艺术的教化功能和统一规范被削弱，创作变成了画家们抒情言志、怡情娱性的手段，绘画形式上也强调和追求力去雕琢、恬适自然。元代作为葫芦题材的花鸟画出现并不多，而画家抒情言志的梅兰竹菊和山水画题材大量出现，直接反映社会生活的人物画减少。作品强调文学性和笔墨韵味，重视以书法用笔入画和诗、书、画的三结合。元代的葫芦图像也主要出现在人物画中。如颜辉的《李仙图》、《铁拐仙图》，佚名《莲社图》等。清官修《御定佩文斋书画谱》卷八十五记载了元赵雍所绘《药王像》中的药王即手执葫芦：

> 赵仲穆用龙眠法写药王像，坐藤竹床，手执葫芦在芭蕉林中，喻是身之非坚也。脚下靡靡细草，俯覸之，喻大地皆药草也。倪迂作精楷赞曰："耆婆大医王，能疗诸疾苦。视虚实表里，施补利汗吐。设或有心病，非针砭能愈。世尊安心法，一弹指病去。"是画者赞者，俱解入深法者也。
>
> （《六研斋二笔》）

踏歌图（马远　宋代　台北故宫博物馆藏）

瓜瓞绵绵图（佚名　宋代　美国大都会艺术博物馆藏）

秋瓜图（钱选 宋末元初 台北故宫博物院藏）

钟馗迎福图（戴进　宋代　故宫博物馆藏）

铁拐仙图（颜辉　宋代　故宫博物馆藏）

李仙图（颜辉　元代　日本知思寺藏）

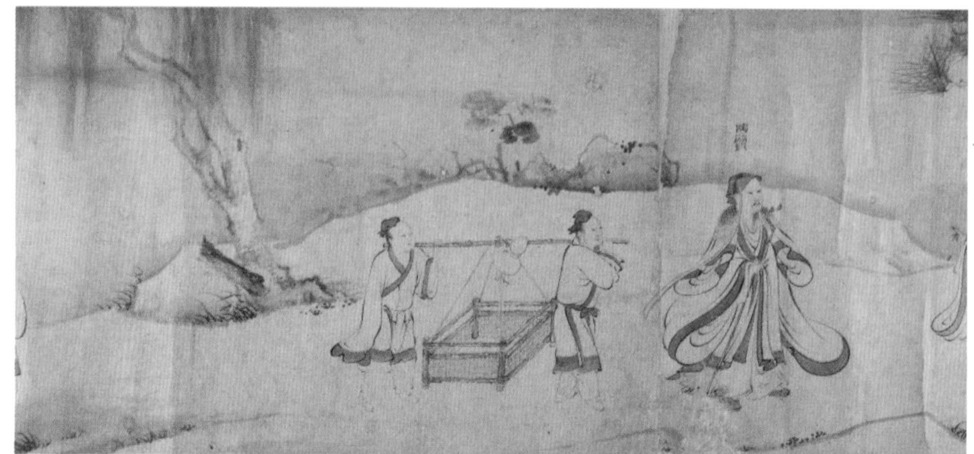

莲社图（佚名　元代　美国大都会艺术博物馆藏）

南瓜图（赵昌　宋代　美国大都会艺术博物馆藏）

二　明清时期的葫芦绘画

明清时期文化虽然趋于保守，但绘画领域却出现许多富有特色的流派与个性强烈的画家，各领风骚，树帜画坛。明初崇尚宋代画风的画家遍于宫廷、民间，明代中期文人画重新复兴于苏州，后期士大夫文人画更是向独抒性灵发展，以画为乐、以画为寄。明清变革，并没有割裂绘画的传统，清代仍然画派林立，摹古、创新各行其道。

明清两代，商品经济的发展带动了手工业的繁荣，随着社会文化的市民化和民间文艺的发展，吉祥绘画艺术成为普及的艺术，被广泛地用于社会生活的各个方面，清代蒋士铨的一首“世人爱吉祥，画师工颂祷。谐声而取譬，隐语戛戛造”，便是这一文化现象的真实写照。明清时期的文人画继承了宋元绘画的传统，并注意从民间艺术中汲取营养，从而取得了空前的发展。诗、书、画、印的文人画程式，使绘画的吉祥寓意能够有多层次的表现。多数花鸟画都被赋予了吉祥寓意。葫芦这一具有吉祥寓意的传统题材，过去在各种器具及民间图案中出现较多，在明清时期，葫芦图像在绘画中逐渐增多了。

明代的葫芦绘画还很少见，只是在一些蔬果类的绘画中有瓜类的描绘。人物画中的葫芦还是作为道具出现，是道家神仙、医者等身份的象征，如郭汾涯的《山水人物册》中描绘的人物都佩戴葫芦。

清代的花鸟画继承明代的文人画传统，更加强调以书入画，民间绘画更加倾向世俗化、商品化。作为民俗吉祥寓意的葫芦绘画，出现的频率也逐渐增多。明遗民画家八大山人笔下的葫芦瓜，形简神具，具有象征意义。扬州八怪中的金农、罗聘、李鱓、李方膺等都画过葫芦。各家笔下的葫芦画各具特色，金农（1687—1763）其画造型奇古，善用淡墨干笔作花卉小品。现存金农所画两幅葫芦画，奇古拙朴，布局考究，构思别出新意。罗聘（1733—1799）为金农入室弟子，他的《葫芦图》受金农影响，笔调奇创，超逸不群，别具一格。李鱓（1686—1762）笔下的葫芦任意挥洒，水墨融成奇趣的独特风格，喜于画上作长文题跋，字迹参差错落，画面十分丰富，其作品对晚清花鸟画有较大的影响。李方膺(1695—1755)的葫芦画笔法苍劲老厚，剪裁简洁，不拘形似，活泼生动。赵之谦（1829—1884）是清代著名的书画家、篆刻家，他是“海上画派”的先驱人物，以书、印入画所开创的“金石画风”，对近代写意花卉的发展产生了巨大的影响；赵之谦的葫芦画在物象造型上注重对自然的描绘，从造型到设色都比较考究，虽然枝叶繁茂但层次分明，同时还强调以书入画。

居廉、虚谷、周闲等都有葫芦题材绘画。

葫芦图像作为独立的绘画主体自清代开始逐步出现在文人画中，标志着绘画的世俗化倾向，自此葫芦绘画作为吉祥题材绘画的一个重要内容逐步受到人们的喜爱并发扬光大。

花卉蔬果图十六开（金农　清代）

山水人物册（郭汾涯　明代）

花果图册（罗聘　清代　南京博物院藏）

依样（周闲　清代　上海博物馆藏）

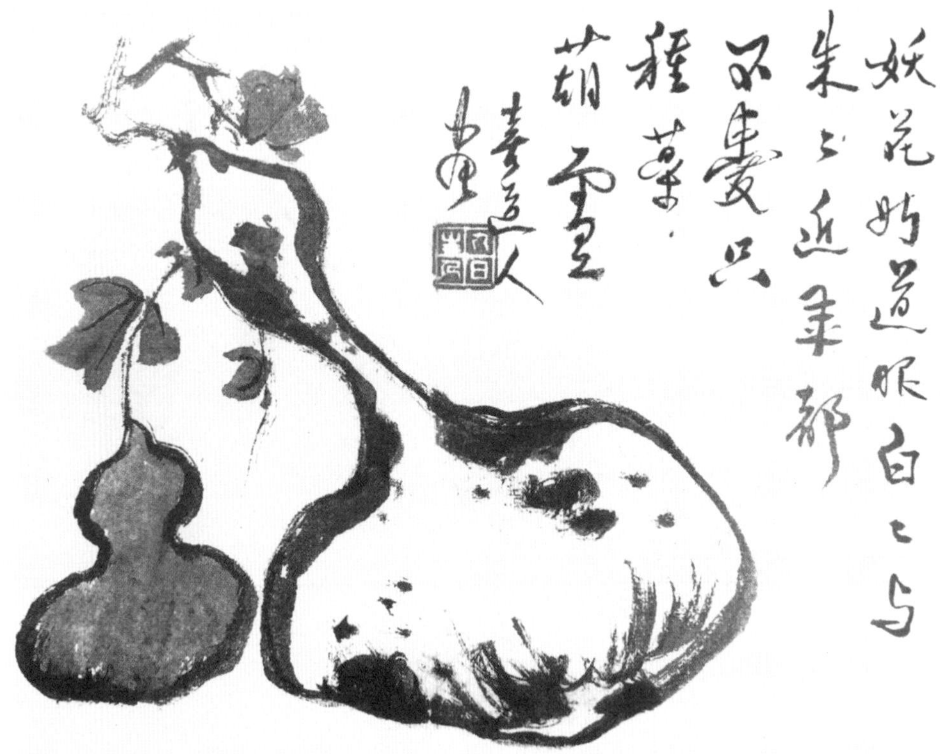

葫芦（罗聘　清代）

葫芦（赵之谦　清代　镇江博物馆藏）

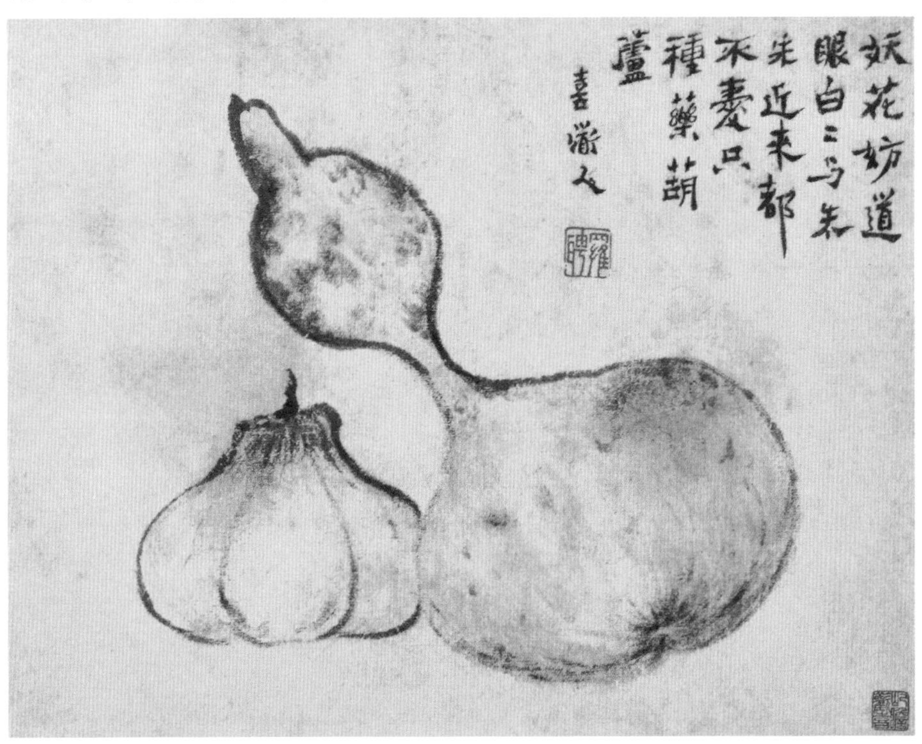

葫芦（罗聘　清代）

夏园清课（佃介眉　清代　广东省博物馆藏）

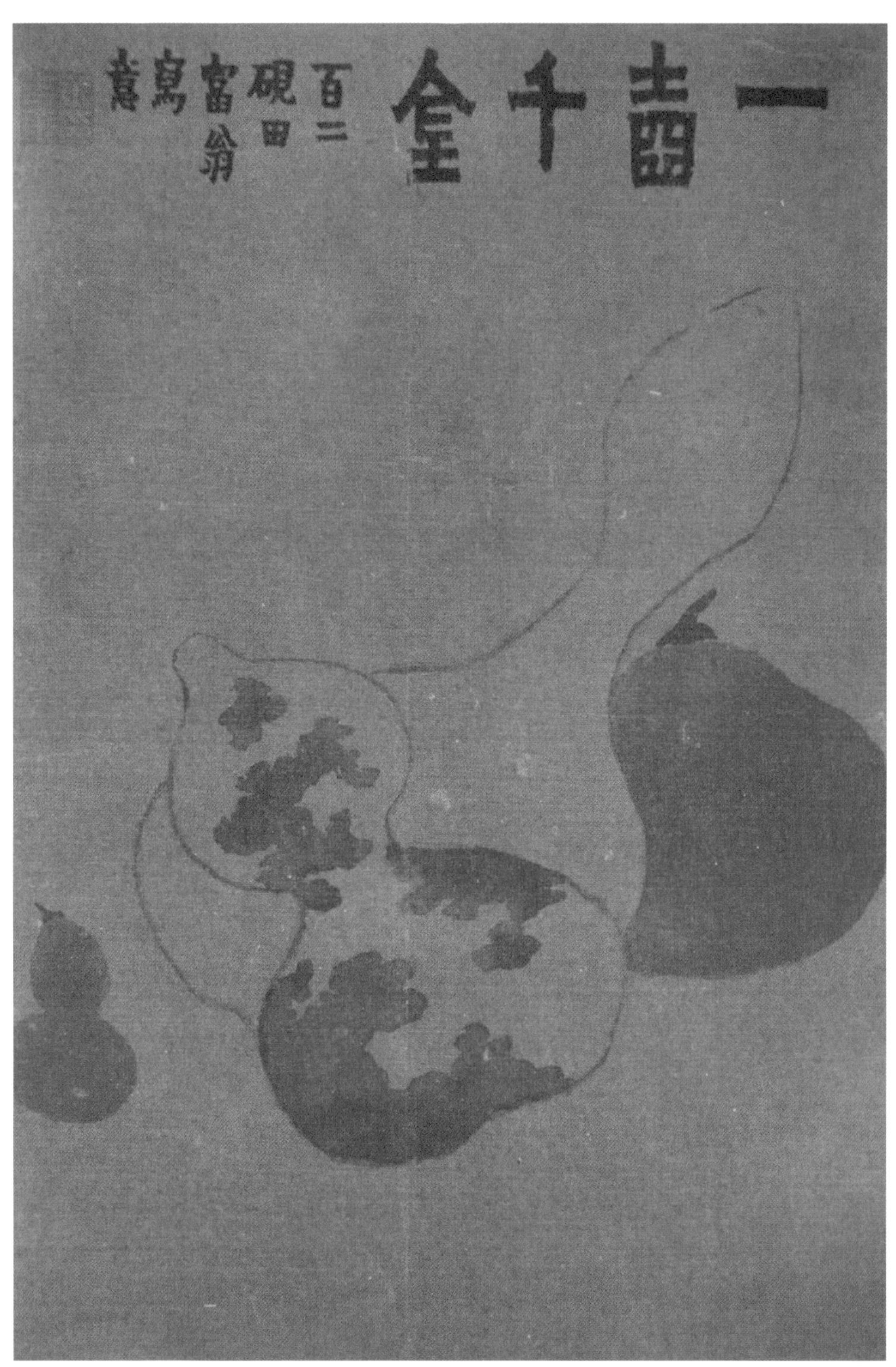

杂画八开（金农　清代　湖北博物馆藏）

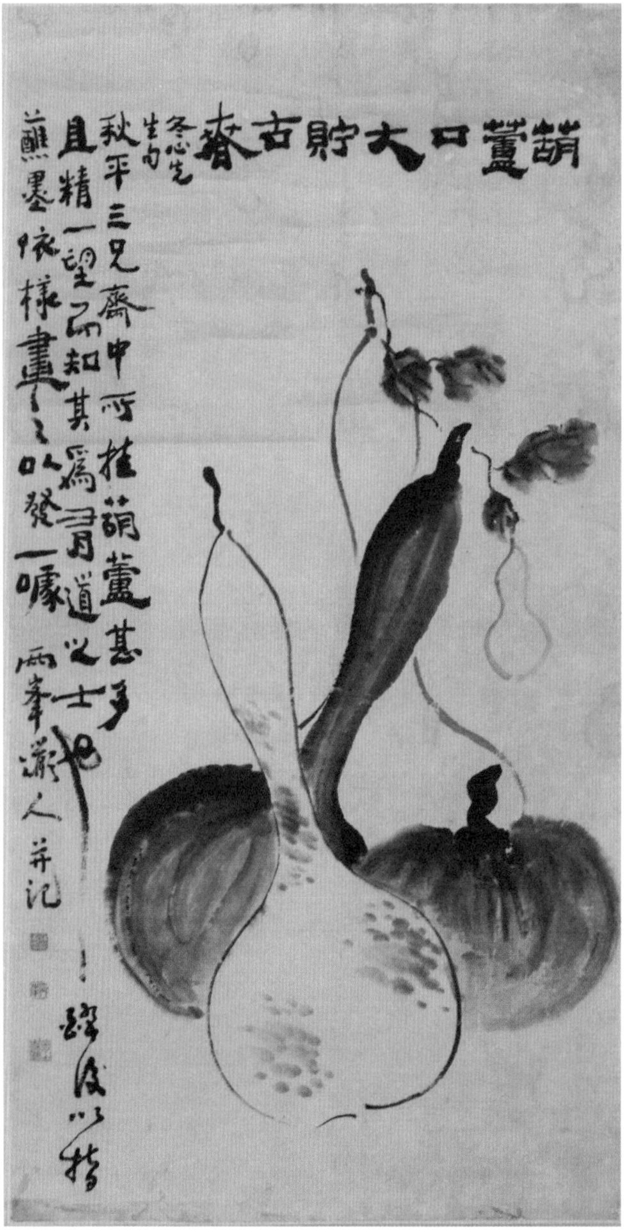

葫芦图（罗聘　清代　镇江博物馆藏）

葫芦（虚谷　清代）

三　民国及新中国的葫芦绘画

民国时期（1911—1949）是中国历史上大变革的时代，也是一个文化多元的时代，在画坛上也呈现出异彩纷呈的局面。民国时期的绘画题材呈多样化趋势，也更加世俗化和商品化，具有吉祥寓意的葫芦画也逐渐增多。“借古开今”的四大家吴昌硕、齐白石、黄宾虹、潘天寿都画过葫芦，其中以吴昌硕和齐白石成就最大。其后，虽然新中国时期的中国画发生了很大改变，但是有成就者主要还是民国画家的延续。

吴昌硕是中国近现代书画艺术发展过渡时期的关键人物，是“诗、书、画、印”四绝的一代宗师，晚清民国时期著名国画家、书法家、篆刻家。吴昌硕的艺术贵于创造，最擅长写意花卉。他以书法入画，把书法、篆刻的行笔、运刀、章法融入绘画，笔力敦厚老辣，纵横恣肆，气势雄强；构图也近书印的章法布白，虚实相生，主体突出，画面用色对比强烈，形成富有金石味的独特画风。

吴昌硕以草篆入画，最擅长写藤蔓类花卉植物。吴昌硕的葫芦作品更是凭藉极具金石意味的草篆笔法写藤蔓，盘纡缭绕，气机畅达。他往往以泼墨写叶，浓墨勾叶筋，淡墨写葫芦。藤蔓盘旋往复、贯通全画。画风古拙、浑重、豪迈，构图虚实相生，题款、设色等方面苦心经营。他常常给自己所画葫芦取名“依样”，旧谚谓“依样画葫芦”。吴昌硕画葫芦，与其说是吴昌硕选择葫芦来作画，不如说是葫芦选择了吴昌硕手中这管毛笔来张扬，就是因为吴昌硕的笔墨意趣与葫芦的恣意形态最可对应。

他的作品《依样》构图呈半弧形，花叶藤蔓依势而下，上密下疏，几欲撑满全纸，五只葫芦各择其位，画幅下端那只垂枝往下，生机勃勃。藤蔓于此处弯环向上，为全图形成俯仰顾盼态势，既合物理，又合画理。不经意间已为题款留出位置，十三个字分列三行，笔墨浓淡、字体大小、经营位置，恰到好处。他另一幅《葫芦图》，构图紧密饱满，下部则流出空白，作品题款：“秋果黄且红，如锦张碧空。安得制成衣，被之七十翁。乙卯秋。”共有四方印，右上一小印与左下角较大的“虚素”之印遥相顾盼，于细微处见巧思。吴昌硕将石鼓文的结体和章法，在虚与实、空与满、对称与非对称之间巧妙经营，而这种方寸之间的布局经验，为吴昌硕画面构成形式创新提供了无尽的可能性。

齐白石一生也喜欢画葫芦，尤其是“衰年变法”以后，其葫芦画出现的频率极高且持续到晚年，这见于他自署“九十八岁，白石”的葫芦画作品，并且越至晚年笔墨越率性，可谓是葫芦绘画的集大成者。齐白石所绘葫芦画，属于大写意，全用没骨法——以水墨画叶，以藤黄画果，不论什么形式，葫芦都满溢着生活情趣。《葫芦图》为齐白石大写意绘画之精品，不论是构图、行笔、着色，皆传神高妙。此图以泼墨写出瓜叶，不着墨线勾筋写脉，笔法简洁传神，墨色酣畅淋漓。葫芦之黄色艳彩与浓淡墨色交相辉映，以焦墨渴笔写藤，宛转如飞，似游龙入江，挥洒自如，气韵充盈笔端，完全看不出是九十七岁高龄老人所作。

齐白石的葫芦，在叶子的变化上浓淡层次分明，其葫芦画藤蔓婉转灵动，变化丰富，有的环绕葫芦，墨趣横生；有的则自行延展，与葫芦穿插呼应。在落笔处，往往多飞白，如龙飞凤舞的草书，流畅而遒劲。葫芦多以藤黄和鹅黄写出，颜色以平涂为主。从构图上，齐白石的葫芦构图变化较多，画面留白多，虚实相生，有的画面绘一只葫芦，有的小品葫芦画另绘有螳螂、蚂蚱、蜻蜓、蜜蜂等草虫或小雀，且多为精致工细之笔，工写结合、有动有静，丰富了画面的视觉效果。在题款上，从形式到内容变化较多，形成诗、书、画、印的结合。虽然很多葫芦绘画在构图、技法等方面有相似之处，但齐白石长于在画中自创、题写诗词或短句，这就让看似千篇一律的葫芦画活灵活现起来，也婉转地表达了自己的绘画理念，使其葫芦画的意境得以升华。如题《葫芦图》云：“丹青工不在精粗，大涂方知碍画图。嫩草娇花都卖尽，何人寻我买葫芦？”既在画中表达了自己的艺术思想，同时也表现出文人的雅致情趣。

除吴昌硕和齐白石以外，民国及新中国时期的画家也有很多涉及葫芦题材，如陈师曾、黄宾虹、潘天寿、陈半丁、刘海粟、赵少昂、朱屺瞻等等。陈师曾是中国近代著名美术家、艺术教育家。其花卉创作能上师古人，博习众采，形成自己含蓄秀逸、古朴而不粗野、不以气势悍人而以气韵动人的绘画风格。陈师曾的葫芦绘画多以淡墨勾出葫芦轮廓，再以浅绿色填充，葫芦叶与藤蔓也多为浓淡、深浅不一的绿色、赭色写就，形似重于神似，极少用泼墨法。如天津美术馆馆藏作品《三葫图》即为陈师曾葫芦画的代表作。潘天寿是现代著名画家、教育家。潘天寿精于写意花鸟和山水，落笔大胆，构图清新苍秀，气势磅礴，趣韵无穷。每作必有奇局，结构险中求平衡，形能精简而意远。他的葫芦画，画面绘单只葫芦，再配以菊花，用笔老辣，构图新颖，韵味无穷。

民国及新中国时期的葫芦绘画，承明清写意之风，经吴昌硕、齐白石的发扬光大，承载着人们对美好生活的向往，已经成为人们喜闻乐见的吉祥题材。

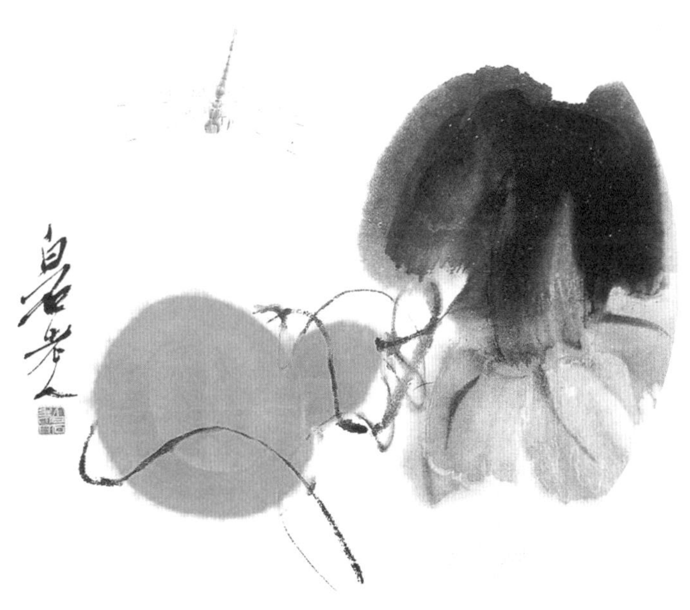

葫芦蜻蜓　齐白石

葫芦图（吴昌硕　荣宝斋藏）

葫芦（吴昌硕　日本藏）

葫芦　吴昌硕

金银葫芦　吴昌硕

葫芦　吴昌硕

葫芦　吴昌硕

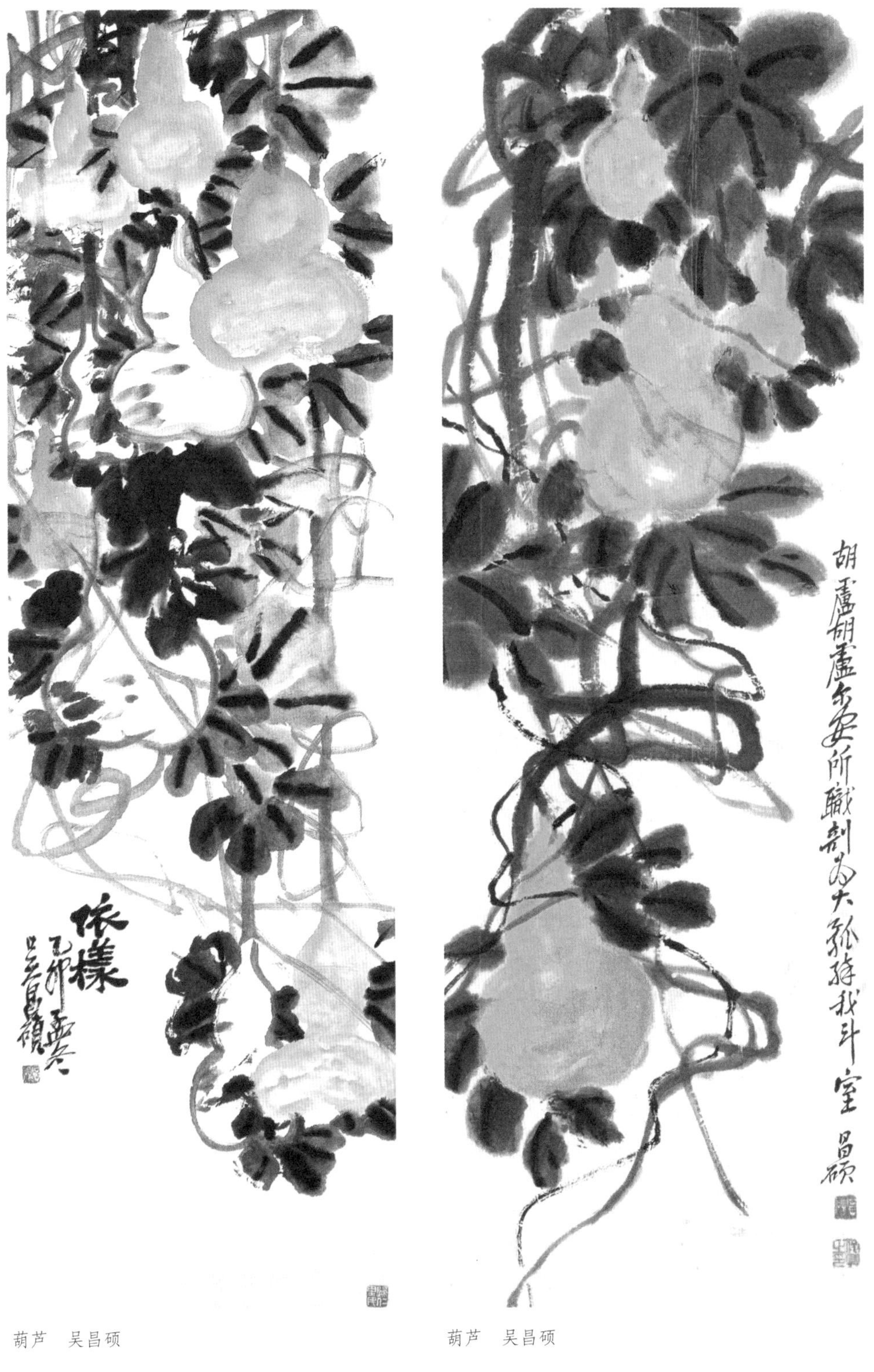

葫芦　吴昌硕

葫芦　吴昌硕

葫芦草虫　齐白石

葫芦图　齐白石

依样　吴昌硕

葫芦　齐白石

葫芦　吴昌硕

葫芦　吴昌硕

葫芦　齐白石

葫芦　齐白石

葫芦　齐白石

葫芦图　齐白石

铁拐李　齐白石

葫芦　刘海粟 

葫芦　齐白石

铁拐李　齐白石

葫芦　陈师曾

葫芦　陈半丁

里面是什么　齐白石

葫芦螳螂 齐白石

葫芦　齐白石

葫芦　潘天寿

葫芦天牛　齐白石

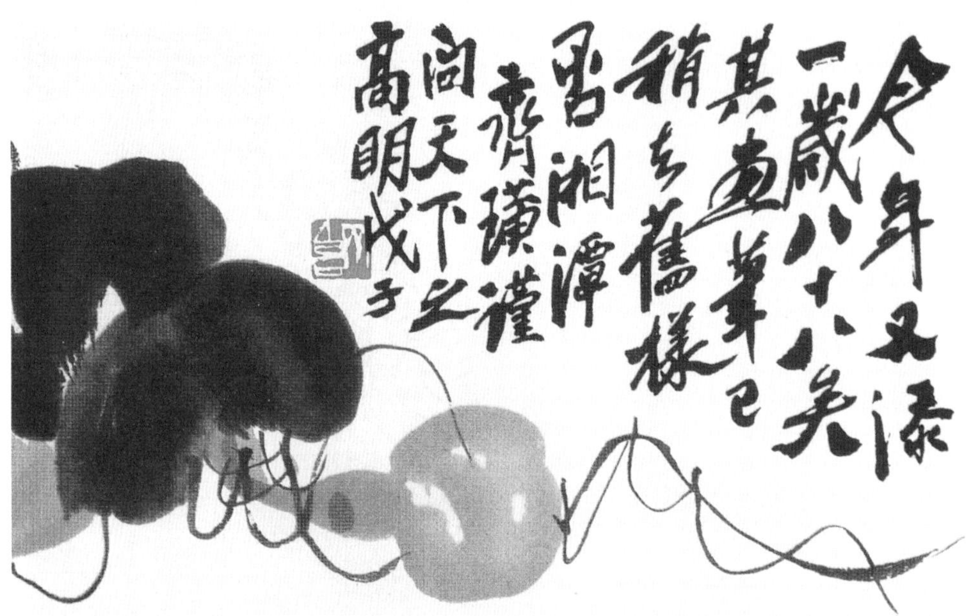

葫芦　齐白石

葫芦　齐白石

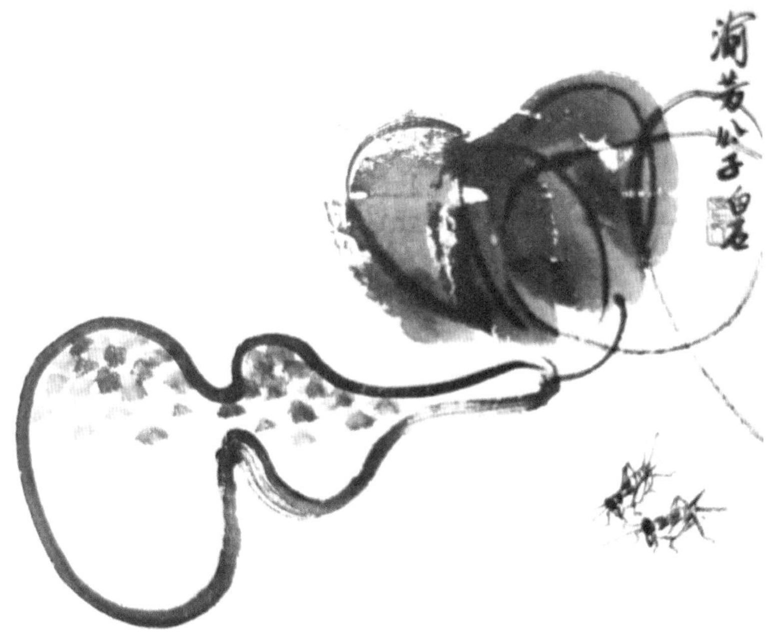

葫芦蟋蟀　齐白石

葫芦　齐白石

铁拐李　齐白石

铁拐李　齐白石

葫芦　潘天寿

葫芦　潘天寿

贰

剪纸中的葫芦

葫芦是中国民间剪纸艺术中的重要题材，几乎每个地方的民间剪纸中都能见到葫芦的身影。从搜集的剪纸作品来看主要有葫芦生子、葫芦灭五毒、葫芦与吉祥文字、刺绣花样、蝈蝈葫芦、生肖葫芦和葫芦法器等，且都以象征性的寓意符号出现。

“葫芦生人”在民间剪纸中是常出现的内容。陕西富县的一幅“生人葫芦”剪纸，在葫芦形中剪出一孩提，直发、曲腿，呈中心对称，以面为主，朴实浑厚；山东莱西的一幅“葫芦童子”剪纸，是葫芦中有一小儿，手持荷叶，坐于莲花上，整个形象构图饱满，线条疏密得当；还有一种是葫芦与童子形象结合，整个娃娃就是一个葫芦，将两种形象合二为一，表现“葫芦生子”的吉祥寓意。另外，“瓜瓞绵绵”也是剪纸葫芦最常见的题材，借葫芦结籽多、藤蔓长的蔓生植物特点来寓意子孙繁茂、家族兴旺、绵延不绝的美好期盼。

“除五毒”也称为“吸五毒”、“镇五毒”，是民俗活动中的剪纸题材。在我国不少地方，农历五月初五端午节都有贴挂剪纸葫芦的习俗。根据农时与气候来看，这个时节是毒虫活动、疾病流行的时候，因此民间习俗常用“五毒”剪纸来辟邪。广大的劳动人民根据节气、农俗创造着与它们生活紧密相关的艺术品，充实着自己的日常生活，也陶冶着自己的精神世界。这类剪纸一般是在葫芦中剪出壁虎、蝎子、蜈蚣、蟾蜍、蛇的形象，或再配以利剑、老虎、剪刀、雄鸡等，象征消灾避邪、追求平安的期望。山东蓬莱的一幅“葫芦除五毒”是在葫芦底部剪出五毒，上部剪出猛虎，葫芦则以拐子纹装饰，葫芦口部是方孔钱，葫芦后部则插一把利剑，其信息量很是丰富。还有一种“除五毒”剪纸是将五种毒虫围绕在葫芦外部，有些则只选择几种毒虫作为装饰。

葫芦与文字的结合也是剪纸中常见的形式，多选用具有吉祥寓意的“双喜”、“寿”、“福”等文字，再配以花卉、器物、盘长等，具有吉祥喜庆之意。山东滨州的寿喜葫芦，在葫芦内上部剪出“寿”字，下部剪出“双喜”，简洁大方。另一幅寿字葫芦在葫芦丫腰部位安排“寿”字，上部是寿桃，下部装饰牡丹双凤，端庄缜密。与北方风格不同，广西桂林的一幅寿字葫芦，葫芦内部篆书“寿”字，外部花卉装饰，线条纤细，玲珑精巧。在葫芦中通过不同的程式化装饰形象来组成吉语也是剪纸艺术中常用的手法，如葫芦与蝙蝠组成“福在眼前”，葫芦与凤凰、牡丹组成“凤戏牡丹”等。

民间葫芦剪纸中也有“蝈蝈葫芦”的题材。蝈蝈葫芦是民间用来盛装鸣虫的虫具之一，其剪纸作品常采用小团葫芦和丫腰葫芦，或者在上部开口，或者在侧面开口，蝈蝈或趴于口部，或伏于内部，或在口部露出半个头，双须翘立，身体收紧，仿佛要争相鸣叫，另外用花卉装饰，生机盎然。河北蔚县的一幅蝈蝈葫芦染色剪纸中，蝈蝈硕大，身体的每个部位都交代得清清楚楚，葫芦刻画以线为主，纤细轻巧，侧面装饰蝴蝶和花卉，采用五六种颜色染色，整个效果色彩艳丽，玲珑剔透。在蝈蝈葫芦的剪纸中，无论是葫芦上的纹样装饰，还是蝈蝈的形态造型，都充分表现了剪纸艺人丰富的想象力。

作为法器，葫芦在道教题材的剪纸中也常出现，除了具有指示符号功能的“暗八仙”，如铁拐李、老寿星等人物的剪纸中都有葫芦作为道具。山东高密的一幅“铁拐李”剪纸，双手拄拐，后背葫芦，脚踩云朵，线面结合，简约概括，已看不出铁拐李粗陋笨拙的形象，倒有几分可爱。山东胶南的“铁拐李”剪纸形象更为概括，画面基本以线为主，面部阴刻出五官，正面侧肩举葫芦，脚下祥云如团花，稚拙而精巧。山西浮山的“铁拐李”作品面部和服饰都为阴刻，曲腿拄拐，肩背葫芦，精神抖擞。而台湾的一幅“李铁拐”剪纸则采用写实的手法，将人物形象、体态以及铁拐、葫芦和祥云交代得清晰可见。每一个地方的剪纸艺人都从自己的理解进行创作，也演绎出了形态各异的艺术造型。

另外，作为装饰题材，葫芦也常出现于刺绣花样中，诸如衣衫、鞋帽、肚兜以及荷包、挂件等剪纸花样，皆具有吉祥寓意。

“凤戏牡丹”烟袋花样（广东惠阳）

团花葫芦

富贵娃娃（山东淄博　王秀兰）

葫芦娃娃（辽宁）

葫芦童子（山东莱西）

寿桃娃娃（山东淄博　王秀兰）

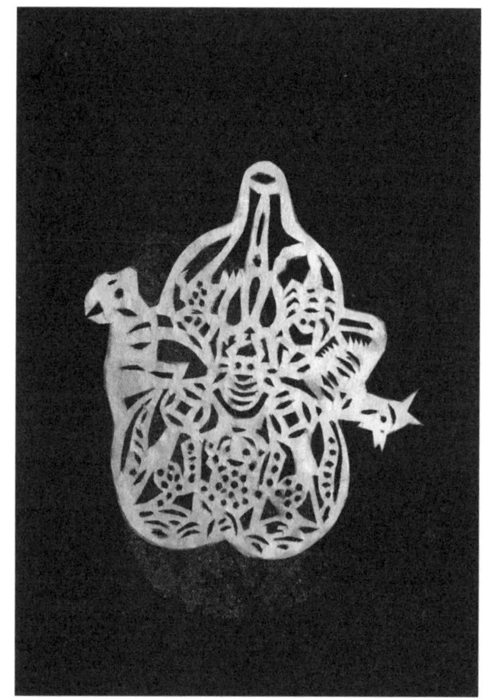

葫芦吸五毒（晋中 瓶底儿收藏）

“吸五毒”剪纸花样

福禄子寿（台湾）

“瓜瓞绵绵”剪纸花样

铁拐李（山东高密　范祚信）

吸毒葫芦（山东长岛）

吸毒葫芦（山西吕梁）

寿喜葫芦（山东滨州）

艾虎蒲剑门花（山东　清代）

除五毒

寿字葫芦（山西闻喜）

三多双全（江苏南京）

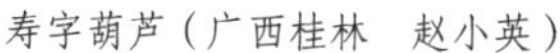

寿字葫芦（广西桂林　赵小英）

双喜葫芦（山东淄博　王秀兰）

铁拐李（山东高密）

寿星（台湾）

铁拐李（台湾）

暗八仙（安徽肥东　花从根）

消灾葫芦

镇五毒

富贵绵延（山东聊城　梁颖）

葫芦镇五毒（山西吕梁）

猴年吉祥（台湾）

富贵牡丹（山东淄博　王秀兰）

寿字葫芦

葫芦除五毒（山东蓬莱）

万事如意（辽宁葫芦岛　马松林）

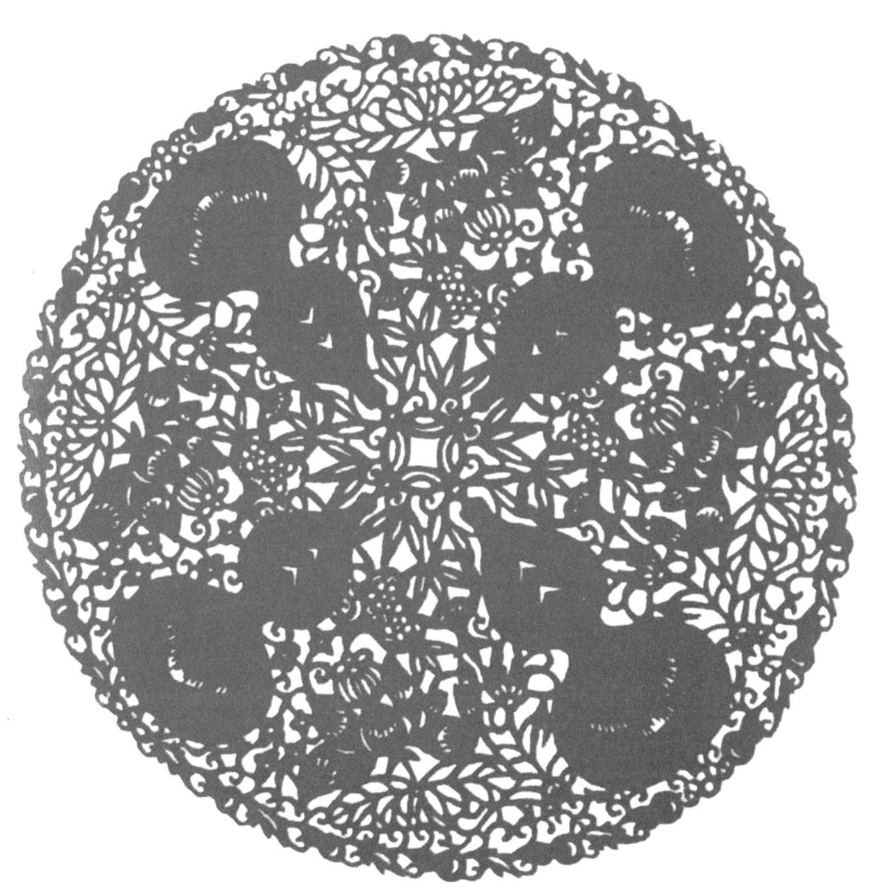

福禄万代（陕西）

“暗八仙”刺绣花样

“福禄万代”荷包花样

福禄万代（台湾）

生肖葫芦（江苏南京）

蝈蝈葫芦（山东蓬莱）

铁拐李（山东胶南）

蝈蝈葫芦（山东蓬莱）

蝈蝈葫芦（山东蓬莱）

铁拐李（台湾）

铁拐李（山西浮山）

寿星（台湾）

铁拐李（山东滨州）

寿星（台湾　陈庆稿）

暗八仙（江苏南通）

富贵牡丹（山东淄博　王秀兰）

老君散丹

十二生肖（辽宁葫芦岛　马松林）

十二生肖（辽宁葫芦岛　马松林）

老汉抽烟（山西新绛）

教七子（台湾）

葫芦剪纸（山东滨州）

葫芦剪纸（山东滨州）

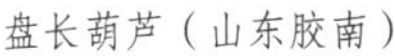

盘长葫芦（山东胶南）

葫芦盘长（湖南）

暗八仙（山西闻喜）

福在眼前

蝶恋花（山东滨州）

鱼化龙（广西桂林　赵小英）

人面葫芦（广西桂林　赵小英）

福禄满堂

“福禄万代”荷包花样

“麒麟送子”刺绣花样

老子出关

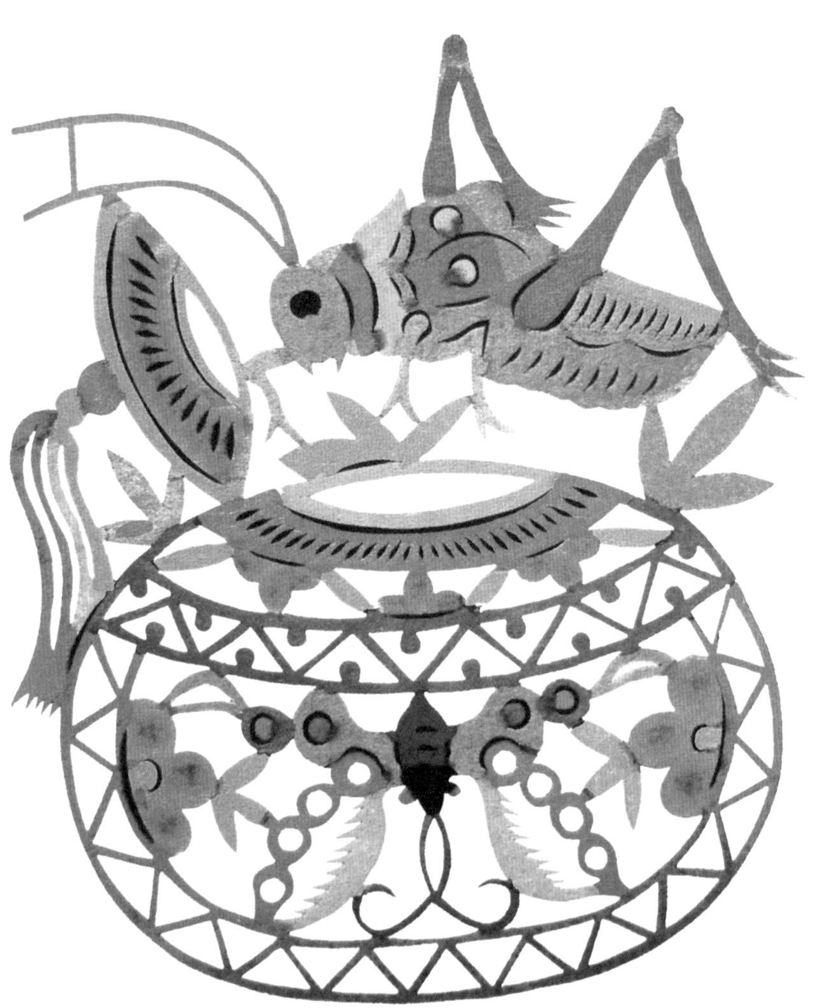

蝈蝈葫芦（河北蔚县）

叁

刺绣中的葫芦

刺绣是以妇女为主的传统手工技艺，属于“女红”的一种。中国刺绣据说在虞舜时期就已出现。《尚书·益稷》记载舜帝言：“……予欲观古人象，日、月、星辰、山、龙、华虫作绘；宗彝、藻、火、粉米、黼、黻絺绣，以五彩彰施于五色作服，汝阴。”因此有“舜始为绣也”之说。从商周一直到清王朝，各朝各代都重视刺绣和刺绣业，并且从上层官方一直深入到民间大众。另外少数民族刺绣也是中国刺绣的重要组成部分。广大少数民族在长期的劳动生活中，将自己的种种愿望，如对祖先图腾的崇拜、对幸福生活的祈盼、对美好爱情的向往等都融入刺绣中。

葫芦是刺绣中经常出现的题材，衣、裙、裤、鞋等服饰上的绣品，如挽袖、云肩、肚兜、补子、鞋垫等；各种配饰、挂饰等生活用绣品，如荷包、香荷包、镜囊、扇袋、幔帐、神帐、门帘、镜帘、轿围、桌帷、窗帷等；专供欣赏用的刺绣画，包括条屏、斗方、屏风、座屏等，都有葫芦的形象出现，其作品因时代、地域和民族的不同，也呈现出不同的风格。

中国历史上的刺绣有宫廷绣和民间绣两大系统。宫廷绣为朝廷官府御用之绣，材料珍贵，技艺奇巧，富丽堂皇；而民间绣则以民间生活实用品为多，具有地方特色，质朴粗犷。宫廷刺绣品中的葫芦是作为装饰符号出现的，如“卍寿葫芦景寿山福海龙纹”圆补的刺绣中，主题形象是腾龙，阔口瞠目，四爪腾跃，下部山川，上部是“卍寿”葫芦，四周装饰太阳、祥云、如意，色彩以红、黄为主，富丽堂皇。民间葫芦绣品则简朴雅致得多，在一幅挽袖袖口的葫芦刺绣中，一藤枝，二花朵，三四叶片，悬挂着两只葫芦，造型与色彩清新淡雅，宛如绘画小品。

民间刺绣与“上层”、“宫廷”的艺术形式不同，是一种不占社会主流、普普通通劳动者生活化的东西。民间最常见的葫芦形刺绣品是香包。香包，古称缡，又称荷囊，是一种装零星物品的小袋。古人衣服没有口袋，一些随身携带的物品便贮放在这种袋里，既可手提，也可肩背，后来挂在腰间并逐渐成为一种习俗。香包还称香囊、香袋、香缨等，宋代以后又称“荷包”，有钱荷包、烟荷包、香荷包、针线盒包、褡裢荷包等，用途不同，结构也有差别。据《清嘉录》载：“在苏杭一带妇女制绣香囊绝小，内装雄黄，称雄黄包，系襟带之间以辟邪。”这也是端午时节的节令风俗。香荷包内盛香料，用以驱虫辟邪、安神防病。香包还是爱情的信物，在民间，待到及笄之时，姑娘便凭借着自己精湛的刺绣技艺，将自己的梦编织在这小小的荷包上，送给自己的情人以寄托爱恋。山西的民间小调《绣荷包》唱道：“初一到十五，十五的月儿高，那春风摆动杨呀杨柳梢。三月桃花开，情人捎书来，捎书书，带信信，要一个荷包袋。”可见这小小的荷包寄托了男女恋人绵绵无尽的情意。

传统荷包有大量实物传世，通常以丝织物做成，上施彩绣图案，有些配以长长的线穗，其造型、质料、纹样也各不相同。其中有一种荷包造型上小下大，中有收腰，形似葫芦，称为“葫芦荷包”。这种刺绣荷包外形为葫芦状，其上装饰吉祥图案，诸如人物鸟兽、花卉草虫、山水楼台、文房四宝以及吉祥符号、吉祥语、诗词文字等，不仅起到装饰作用，更重要的是蕴含着吉祥寓意。作为一种祈福纳祥的文化符号，其题材如“麒麟送子”“凤穿牡丹”“蝶恋花”“鱼戏莲”“喜鹊登梅”“榴生百子”“福在眼前”等，皆取意吉祥观念，从爱情、婚姻、子嗣、仕途、富贵、平安、长寿等多个角度展现了民间劳动大众的淳朴观念和情感寄托。纹样也有繁有简，并且用色彩巧妙搭配，或明快艳丽，或古朴雅致，根据不同的价值取向赋予刺绣“尚俗”、“尚雅”的不同情调，也强化了女红造物的艺术感染力。

卍寿葫芦景寿山福海龙纹圆补（明代）

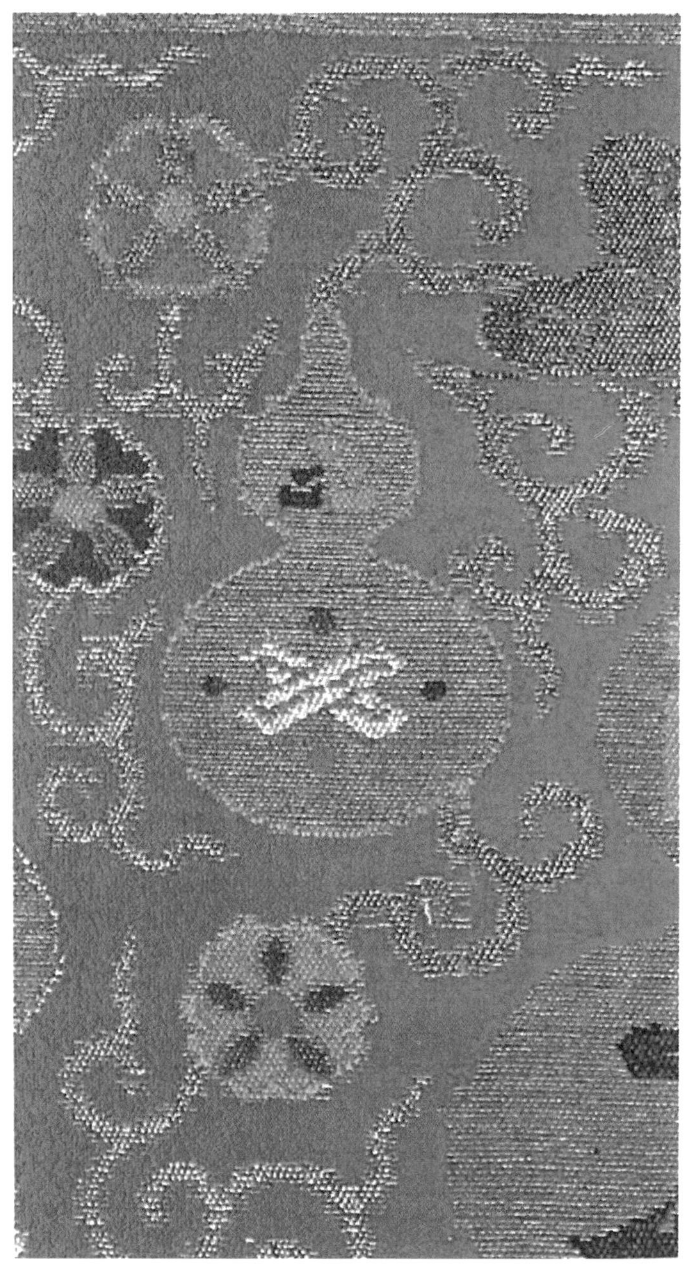

万事大吉葫芦加金妆花缎局部（明代）

金地缂丝灯笼仕女袍料局部（明代）

紫红绒绣云龙葫芦纹褂料局部（ 清代）

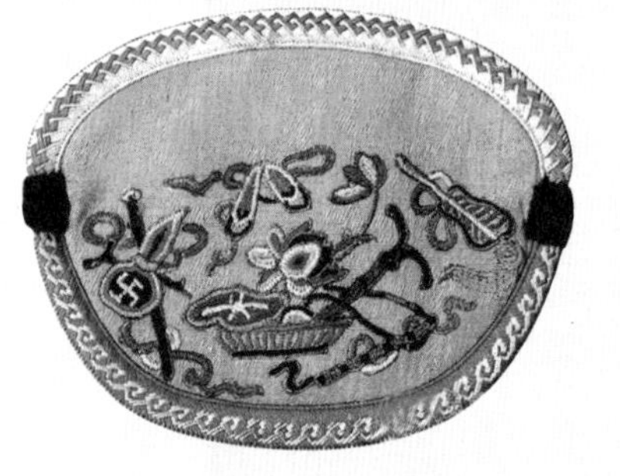

暗八仙荷包（清代）

“瓜瓞绵绵”葫芦挽袖（清代）

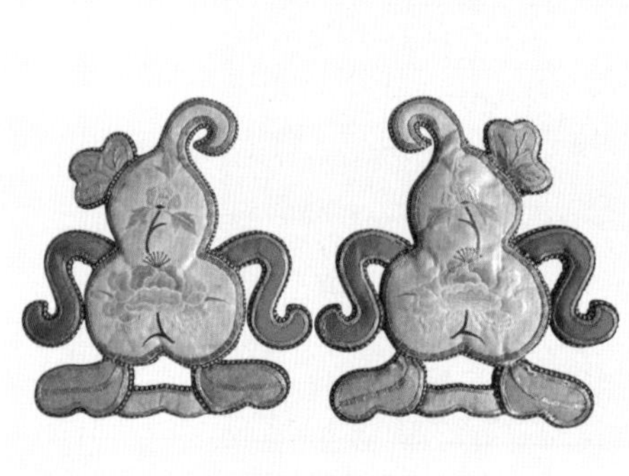

“富贵牡丹”葫芦挂件（清代）

拐子纹葫芦荷包（ 清代）

荷花葫芦香囊（清代）

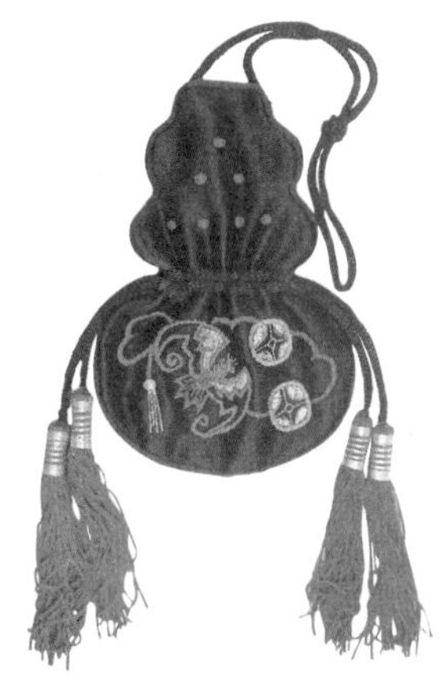

“福在眼前”绣荷包（王金华藏）

博古花卉纹葫芦荷包（沈阳　侯维佳藏）

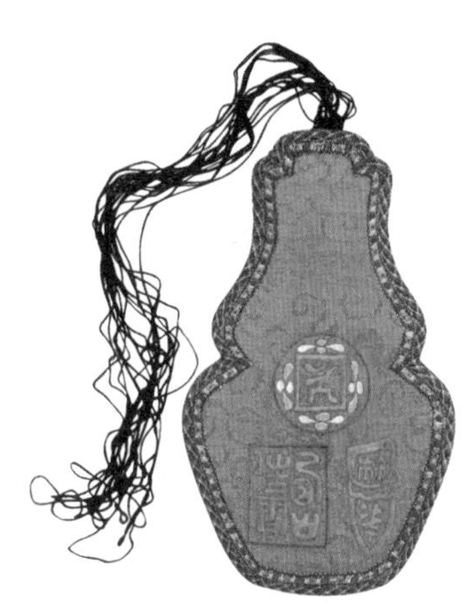

古印葫芦荷包（沈阳　侯维佳藏）

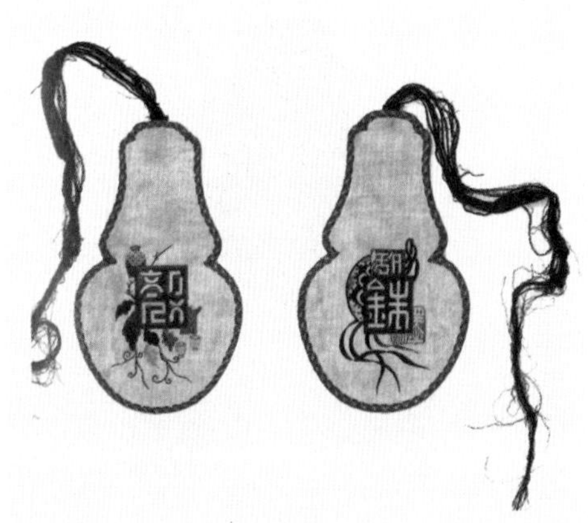

古印葫芦荷包（沈阳　侯维佳藏）

文字葫芦荷包（沈阳　侯维佳藏）

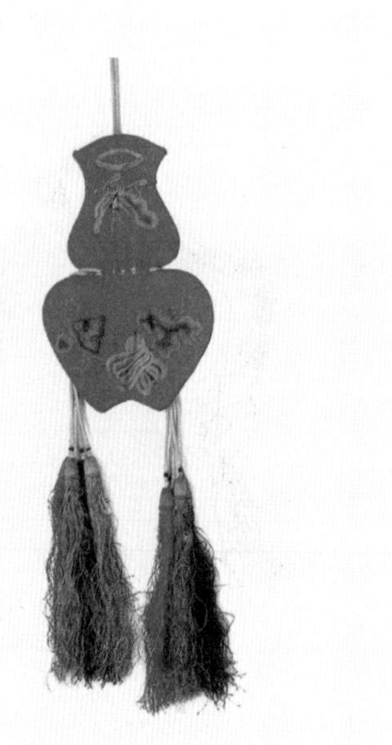

“瓜瓞绵绵”葫芦荷包（沈阳　侯维佳藏）

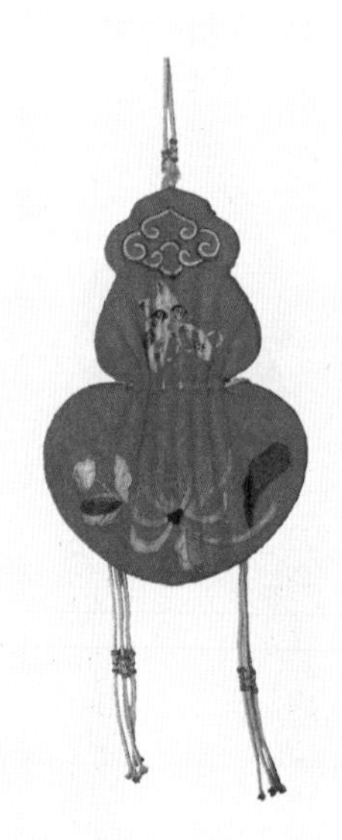

“寿居耄耋”葫芦荷包（沈阳　侯维佳藏）

“海水江牙”葫芦荷包（沈阳　侯维佳藏）

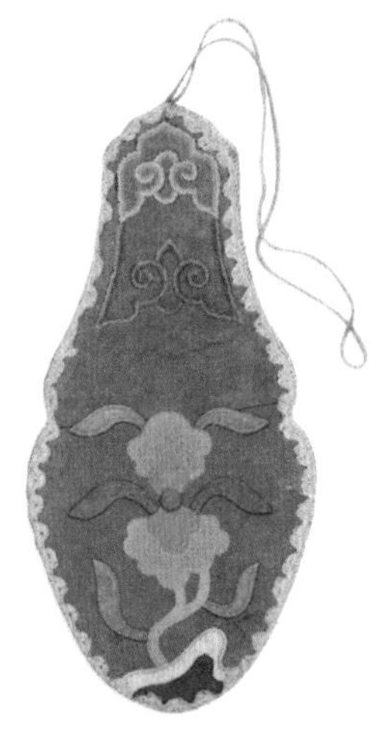

牡丹纹葫芦荷包（沈阳　侯维佳藏）

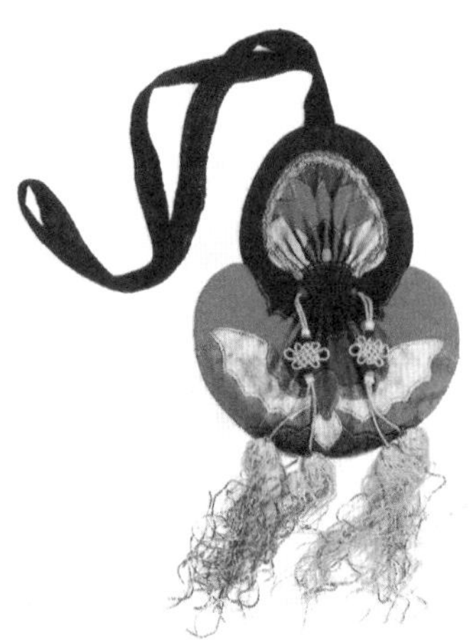

福禄纹葫芦荷包（沈阳　侯维佳藏）

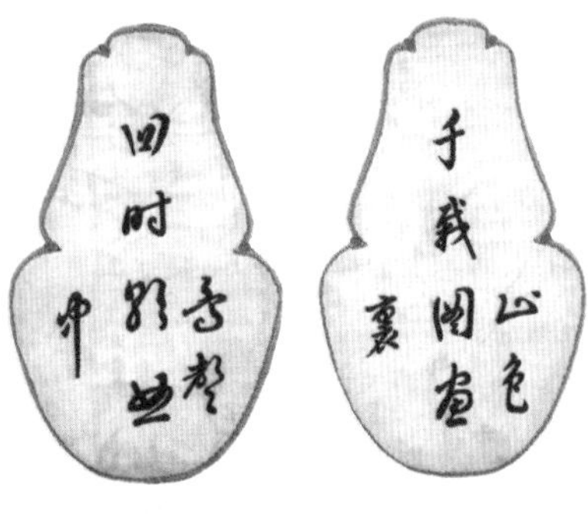

书法葫芦荷包（沈阳　侯维佳藏）

花卉香袋

文房葫芦荷包（沈阳　侯维佳藏）

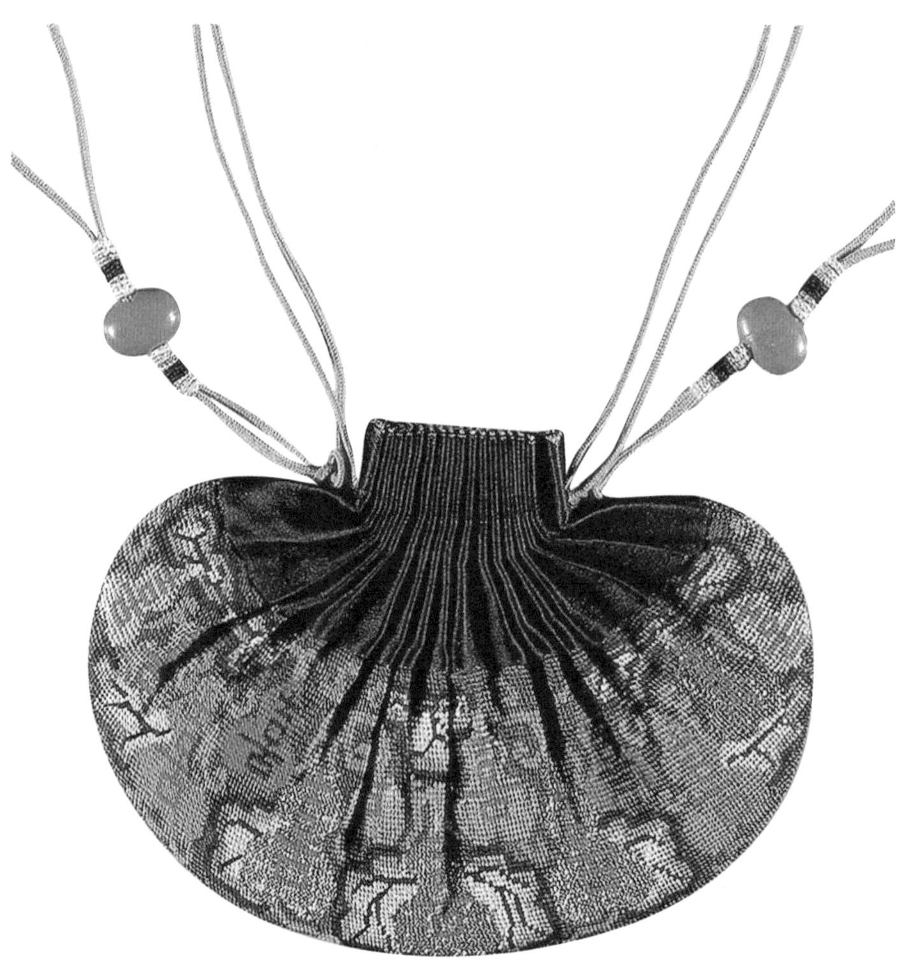

葫芦喜字纹香囊

“六合同春”绣荷包（王金华藏）

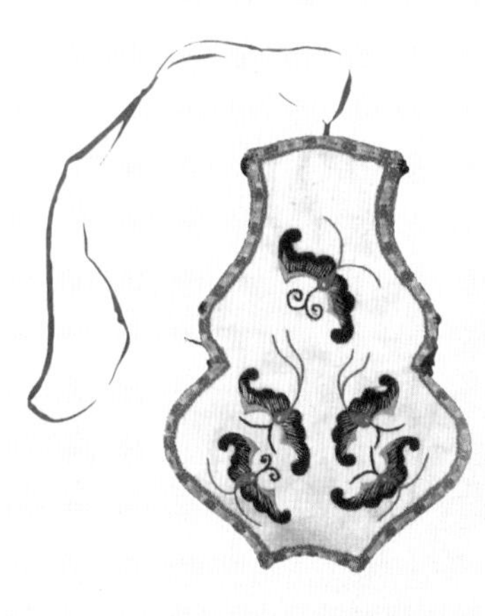

“天赐五福”葫芦荷包（沈阳　侯维佳藏）

“漱石枕流”葫芦荷包（沈阳　侯维佳藏）

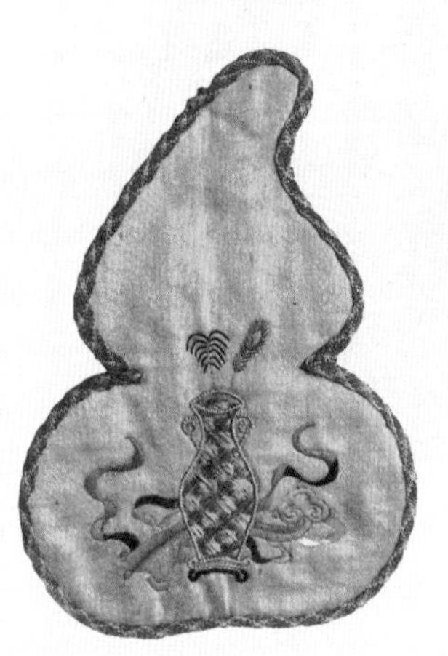

“如意平升”荷包

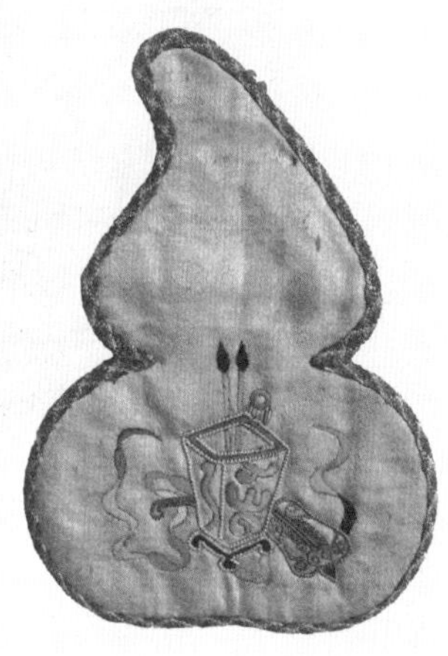

文房香袋

“蝶恋花”葫芦荷包（沈阳　侯维佳藏）

花卉葫芦荷包（沈阳　侯维佳藏）

福寿葫芦（葫芦画社藏）

梅花葫芦荷包（沈阳　侯维佳藏）

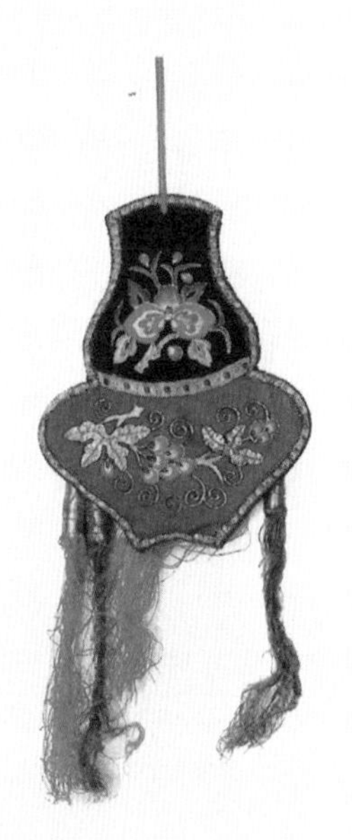

花卉葫芦荷包（沈阳　侯维佳藏）

风景葫芦荷包（沈阳　侯维佳藏）

文字葫芦荷包（沈阳　侯维佳藏）

福寿葫芦形荷包（中国苏绣艺术博物馆藏）

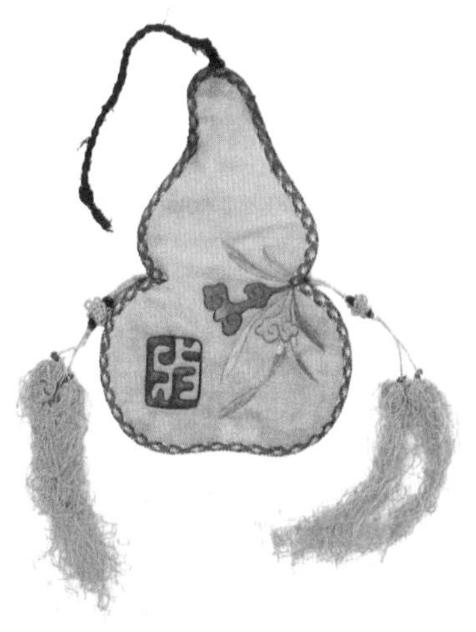

灵芝葫芦荷包（沈阳　侯维佳藏）

云纹葫芦荷包（沈阳　侯维佳藏）

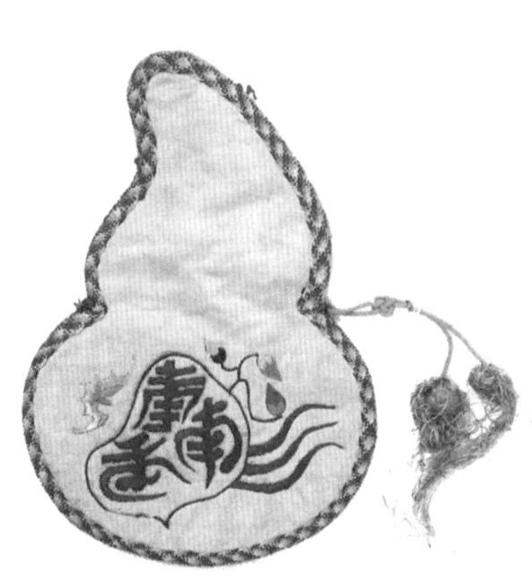

“寿比南山”葫芦荷包（沈阳　侯维佳藏）

书法葫芦荷包（沈阳　侯维佳藏）

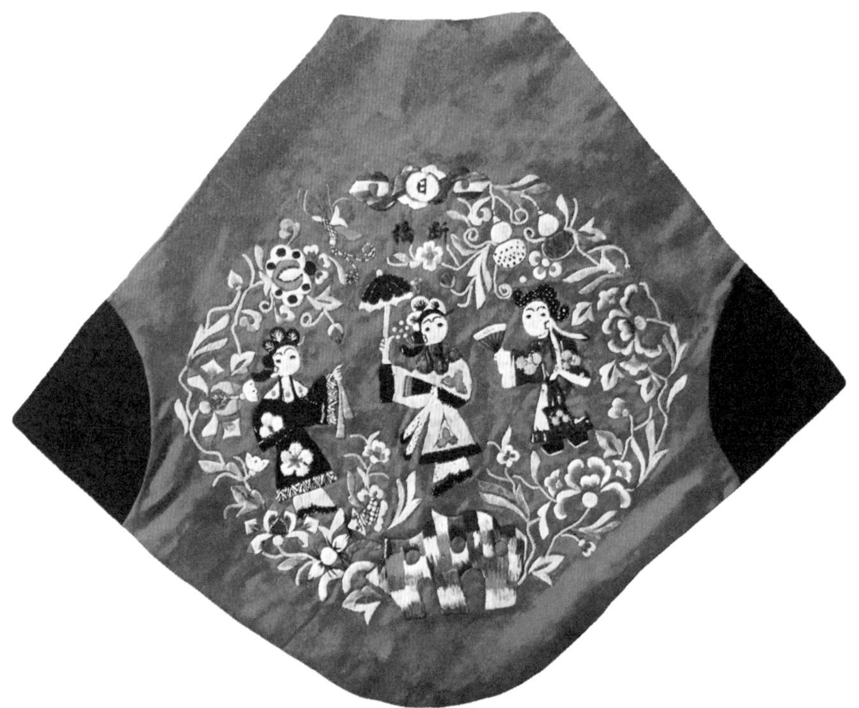

“断桥”肚兜

“鱼化龙”绣片（贵州）

“吹箫引凤”门帘

葫芦纹坎肩（葫芦画社藏）

葫芦娃娃童鞋（葫芦画社藏）

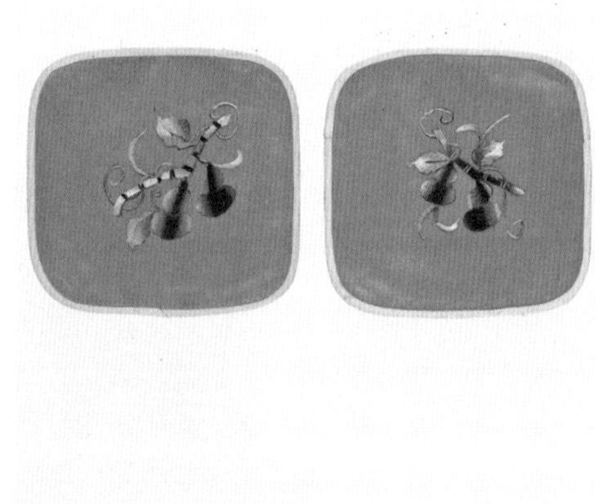

葫芦纹枕顶

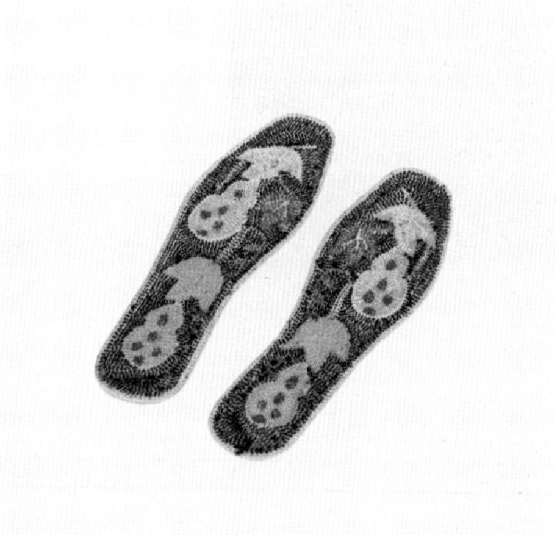

葫芦绣鞋垫（葫芦画社藏）

“子孙万代”罩裤脚

葫芦绣鞋垫（葫芦画社藏）

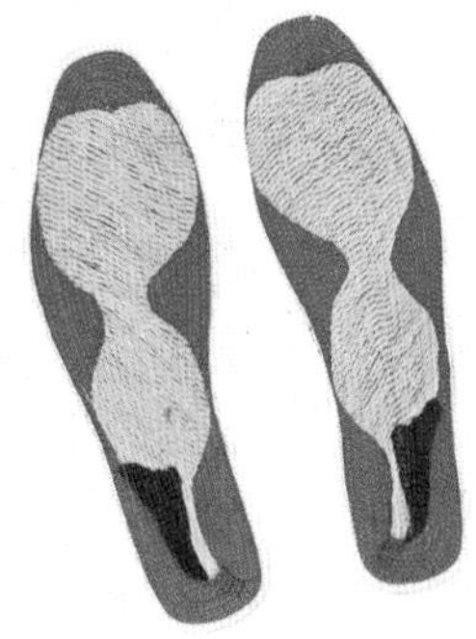

葫芦绣鞋垫（葫芦画社藏）

葫芦绣鞋垫（葫芦画社藏）

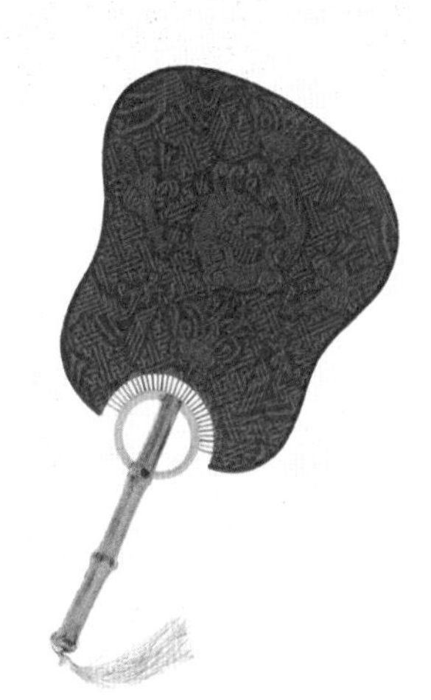

葫芦龙纹团扇（葫芦画社藏）

“麒麟送子”汗巾（湖北阳新）

葫芦纹什物插袋（局部）

葫芦纹背裙（贵州）

“瓜瓞绵绵”方巾

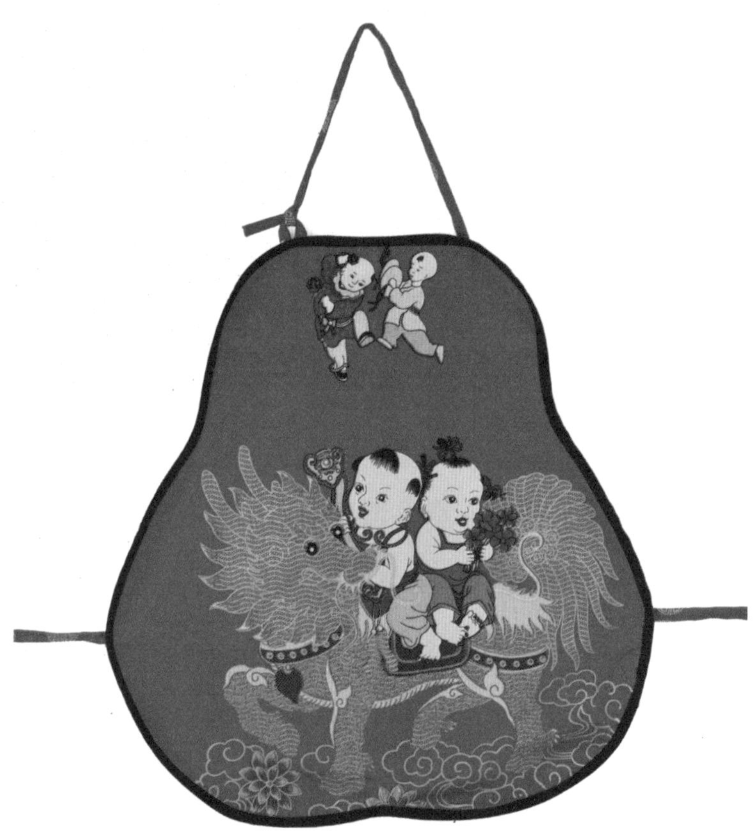

“麒麟送子”肚兜（山东临沂　刘瑞苗）

福禄肚兜（山东临沂　刘瑞苗）

肆

雕刻中的葫芦

中国雕刻艺术历史悠久，历史上许多手工技艺也都与雕刻有着密切的联系，如陶器、铜器、漆器、家具等工艺中的造型、纹饰都具有雕与塑的性质。在中国古籍中也有大量关于雕刻的文献记载，《周礼·考工记》："刮摩之工：玉、楖、雕、矢、磬。"其中的"雕"就是指专门从事雕刻的艺人；《礼记·曲礼》载："天子之六工，曰土工、金工、石工、木工、兽工、草工，典制六材，五官致贡，曰享。"其中"木工"是指以木为材料的雕刻技术。北宋李诫编修的《营造法式》中对石作、木作、砖作等雕刻制度及工艺情况也作了详细的规定，如"石作"中的雕镌制度，"木作"中大木作、小木作、雕木作的制度分工，"砖作"中"事造刻凿"项目等。

中国雕刻技艺经过几千年的不断探索、完善、创新，已经发展成一个庞大的工艺系统，涉及的材质越来越广泛，工具越来越完备，技法也越来越精湛，产生了诸如石雕、木雕、砖雕、玉雕、竹雕、牙雕、根雕、核雕、石刻、骨刻、刻砚、泥塑、面塑等众多的雕刻艺术形式，其中有富有皇家气质的宫廷艺术，也有富含乡土气息的民间技艺；有大型的主题雕塑，也有精致的文玩雅件，处处展现着中国工匠艺人们匠心独运、曲尽其妙的高超技艺。

葫芦是雕刻艺术中较为常见的形象题材。在民间，葫芦题材的雕刻艺术常出现于中国传统的建筑雕刻中，也就是传统意义上的“三雕”——砖雕、木雕、石雕。作为具有吉祥寓意的葫芦形象，常常出现于建筑屋顶、门楼、墀头、影壁、梁枋、门窗、挂落、护栏等处的砖木石雕刻中。它们以圆雕、浮雕、镂空雕以及镶嵌雕等形式出现，或是装饰主体，枝蔓缠绕；或是辅助装饰，富有情趣。其形象造型或浑厚朴实，或纤细繁密，玲珑剔透，惟妙惟肖，表达着家族兴旺、子孙繁衍、世代绵长的美好寓意。作为建筑构件和装饰艺术，它紧密依附于建筑实体，结合建筑构架和各构件部位以及材料本身的特点，量材加工、巧妙布局，使建筑和装饰、技术与艺术达到了完美结合，也使中国传统建筑体现出很强的理性品格和艺术品性。

中国木制家具，诸如桌椅、床凳、橱柜、屏风等都有葫芦形象出现。中国古典家具的艺术性与雕刻装饰是分不开的，民间所谓的“百工桌、千工床”强调的就是家具的雕刻之美。家具上的葫芦雕刻最有代表性的要数架子床，辽宁葫芦岛葫芦山庄的一顶架子床，整个床体包括花罩、床眉、槅扇、裙板、护栏等各部位都布满了精美的葫芦透雕，粗枝为骨骼，枝叶相缠绕，大小葫芦相互牵连、错落有致，整体玲珑剔透、富丽堂皇，可谓巧夺天工。正是由于精湛的雕刻技艺和吉祥内涵，才使各类家具产生了或雍容庄重、或典雅脱俗、或小巧别致的艺术品质，也形成了中国家具独特的装饰文化。

另外，传统的文房四宝、文玩把件中，也经常会看到葫芦及枝蔓造型的装饰雕刻，或浮雕，或圆雕，或透雕。葫芦画社收藏的石雕砚台皆取形葫芦，根据不同石料或只雕刻出葫芦形态，或保留石料原形装饰点缀葫芦形象，形态各异，风雅别致。这些物件属于雕刻中的小品，常被置于案桌之上，或玩于手掌之间，小巧精美，体现着文人的学识和艺术修养。

“暗八仙”窗格（木雕　安徽屏山）

“寿星”窗格（木雕　陕西澄城）

“暗八仙”槅扇窗（木雕　安徽屏山）

葫芦纹槅扇（木雕）

博古纹栏杆（木雕　四川成都）

“铁拐李”（木雕　云南会泽）

“麒麟送子”额枋（木雕）

“瓜瓞绵绵”阁子（木雕　清代）

“瓜瓞绵绵”祠堂挂落（木雕　广东）

“瓜瓞绵绵”挂落（木雕　山西晋中）

檐枋挂落（木雕）

葫芦形格栅（木雕　江西婺源）

“多宝”槅扇门绦环板（木雕）

葫芦藤架子床（木雕　清代）

架子床局部（木雕　辽宁葫芦岛　王国林藏）

纹架子床局部（木雕　辽宁葫芦岛　王国林藏）

架子床局部（木雕　辽宁葫芦岛　王国林藏）

铁拐李（石雕　辽宁葫芦岛）

“万象更新”影壁（砖雕）

寿星（石雕　莱芜庙山）

暗八仙（石雕）

葫芦窗饰（砖雕）

刘海戏金蝉（砖雕　江苏扬州）

八仙过海（砖雕　江苏扬州）

葫芦纹栏杆（石雕）

葫芦形砚台（木雕　葫芦画社藏）

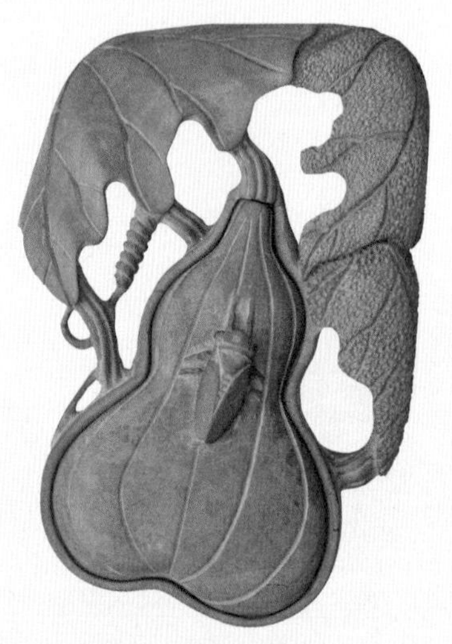

砚台（石雕　葫芦画社藏）

砚台（石雕　葫芦画社藏）

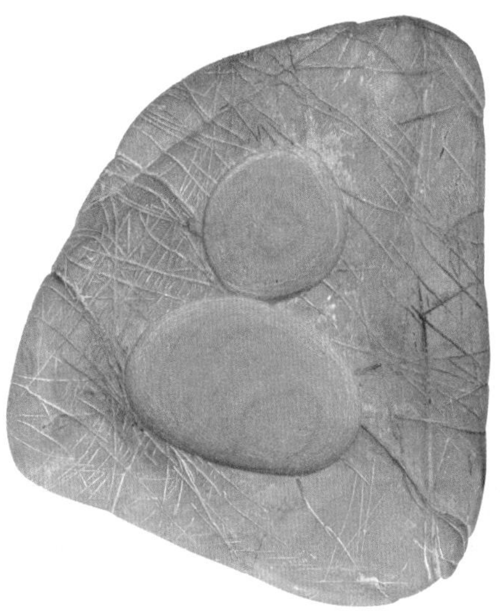

砚台（石雕　葫芦画社藏）

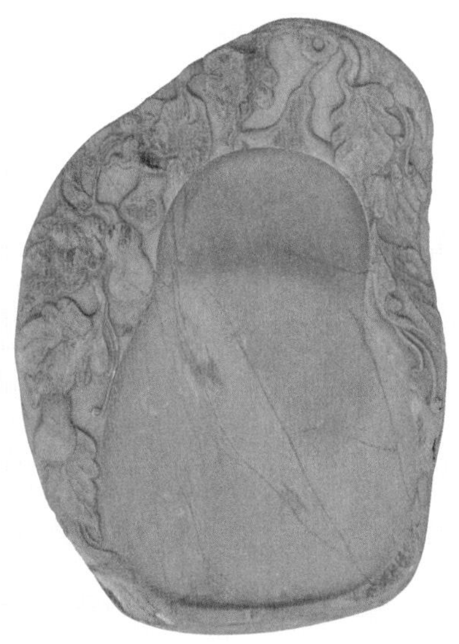

砚台（石雕　葫芦画社藏）

葫芦形印章（石刻　葫芦画社藏）

葫芦砚台盒（木雕　葫芦画社藏）

葫芦砚台（石雕　葫芦画社藏）

葫芦形砚台盒（木雕　葫芦画社藏）

当铺招幌（木雕　民国）

腊醋招幌（木雕　民国）

咸菜幌子（木雕　民国）

陈醋招幌（木雕　民国）

伍

年画中的葫芦

年画中的葫芦形象很少作为表现主体出现，最多的是作为装饰和人物的道具，如器物花卉的吉祥物或寿星杖头的吉祥葫芦、八仙肩背手持的法器葫芦。

寿星是中国传统年画中最喜闻乐见的形象。寿星一般与福星、禄星组成“福禄寿三星”。中间是福星，左右分别是禄星和寿星，这是一般通行的画面构成形式。山东潍坊恒兴义画店的年画“吉星高照”，画面工整，中间福星，古代朝官造型，峨冠博带，手持“吉星高照”字符，代表福气与财运；左边寿星，前额突出，长眉飘须，左手捧桃，右手持杖，杖头悬挂葫芦，代表着长寿、高寿；右边禄星，员外装束，怀抱童子，童子则持如意，有赐子赐福之意。另外前面中央有元宝塔、后面飞舞的蝙蝠做装饰，色彩用红、黄、蓝原色，吉祥喜庆，迎合了人们财富、子孙、长寿的追求。寿星在年画中也可以单独出现，山东潍坊的一幅“寿星”图，老寿星身穿寿袍，左手撵拂尘，右手持龙杖，杖头挂系穗子葫芦，笑逐颜开，憨态可掬，脚下则装饰火焰蝙蝠，右侧仙鹤前倾，左边梅花鹿昂首，鹿角还顶着酒器，构图饱满，色彩明快，一派祥和气息。福建漳州的一幅“寿星”图则为线板涂染，线条写意，寿星肩扛拐杖，手托葫芦，侧首看仙鹤，其形象似凡间的老翁，画面着色不多，率真随性，又增加了寿星的神气。民间艺术家的想象力是丰富的，在江苏桃花坞的“寿星”

图上，画面则更为洒脱，寿星双手持拐，盘腿坐在鹤背上，仙鹤则展翅飞翔，真是仙翁驾鹤而来。

山东潍坊杨家埠年画中，八仙图是较多的题材，其中铁拐李总少不了他的标志性符号——葫芦。这葫芦法力无边，里面有饮不尽的琼浆玉液，也有起死回生的灵丹妙药，更有降妖伏魔的法力。潍坊“通顺和”的一幅清代铁拐李像，单色手绘，其形象秃顶卷须，怒目圆睁，肤色漆黑，烂衣跛足，腋夹木拐，背扛葫芦，葫芦上有花卉装饰，画面题写“拐李先生道德高，能让群仙赴蟠桃——岁在辛酉佳节”。而另一幅铁拐李像则喜庆得多，铁拐李头戴金箍，身着衣袍，袒胸露乳，赤跛足踩祥云，右手拄木拐，左手抱葫芦，另有火焰、瓜果装饰，色彩艳丽。

中国古时民间棋类游戏“升官图”中也常有葫芦出现。“升官图”一般木板印刷，按内容不同有多种游戏称谓，如选官图、升仙图、选仙图、览胜图、逍遥图、葫芦棋、八仙过海、凤凰棋、十二生肖、十二花神、八仙上寿、杂宝等，形式相近，不是升官就是升仙。玩法两人以上，每人用专门的陀螺或骰子轮流抛掷，决定前进或后退，最终先走到正中心者为胜。旧时除夕夜守岁，孩子们常玩这类的升仙游戏。无论是升官还是升仙，古时都是人生追求的极致，即使实现不了，在游戏中也可以过把瘾。河南开封的升官图“一本万利”，彩印，形式呈螺旋排列，漩涡的最中心是寿星捧太极，起马由“红马裕泰、八仙大会”开始，经由猪、马、葫芦、仙人、鸡……一直到寿星为止，共有八仙、祥禽瑞兽、鲜花童子二十多个形象组成，四角装饰“黄金万两”、“一本万利”、“吉祥如意”吉祥图案。

福禄寿三星（山东潍坊）

福禄寿三星（山东潍坊）

三星图（江苏桃花坞）

三星高照（四川绵竹　清代）

寿星 （山东潍坊）

五福捧寿（天津杨柳青　清代）

寿星（福建漳州）

竹菊合开

四季太平

八仙图（山东潍坊　清代）

八仙图（山东潍坊　清代）

八仙图（山东潍坊　清代）

铁拐李（潍坊杨家埠　张殿英）

狩猎图（山东潍坊　清代）

子孙万代

寿星（江苏桃花坞）

铁拐李（山东潍坊　清代）

一本万利（河南开封　近代）

杂宝（江苏徐州　清代）

和气生财（江苏扬州　清代）

陆

其他艺术中的葫芦

葫芦作为吉祥物，广泛出现于各种艺术形式的装饰中，如装饰性的葫芦图案，彩纸折叠的纸葫芦，架子床罩的葫芦纹饰，瓷瓶碗盘的装饰纹样，建筑顶尖的葫芦形脊饰，镇宅辟邪的葫芦面具，以及招幌、印染、风筝、挂钱、文玩等实用器物上，几乎都有葫芦图像出现。这些艺术化的葫芦图像既是审美的，又是富有生命意义的，内容广泛，形式多样，呈现出一派吉祥喜庆的艺术气氛。作为吉祥观念的形象化载体，它传达出的是民众对幸福美满生活的向往。它们不仅可以为我们现代生活增添别样的生机，而且还可以让我们重新解读背后的中华传统文化。

“朱雀衔壶”汉画像（江苏邳州）

“礼乐从先进”墓碑拓片（湖北保康）

“瓜瓞绵绵”织锦图案（明代）

“瓜瓞绵绵”图案

“万代长春”图案

吞口（云南）

镇邪瓢（云南）

“暗八仙”图案

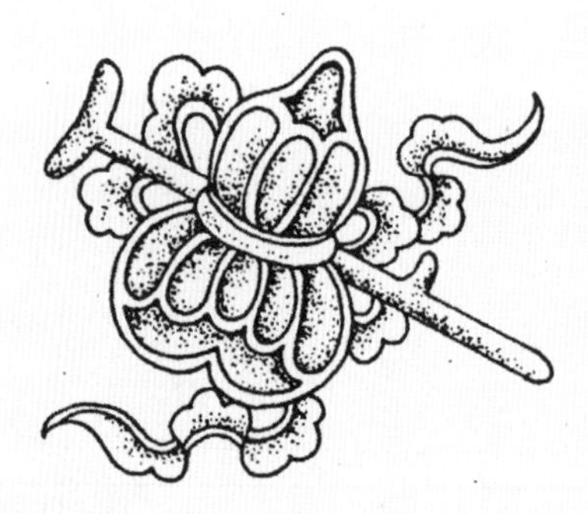

“暗八仙”图案

“暗八仙”图案

“暗八仙”图案

“万代盘长”图案

漆器图案（宋代）

“瓜瓞绵绵”图案

青花瓷图案

八卦葫芦瓶图案

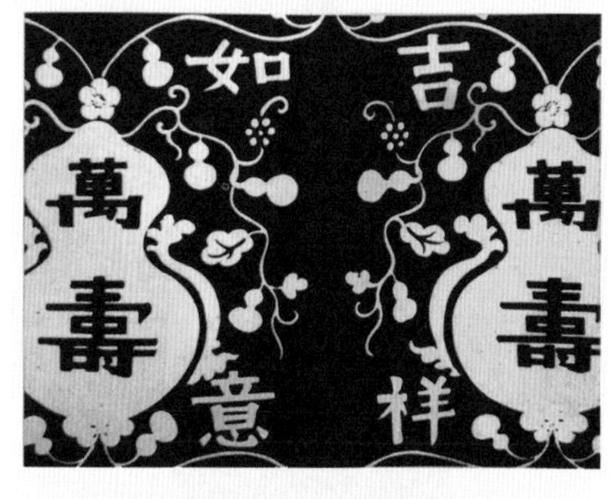

“吉祥如意”图案

“福禄”五彩碗纹

“天师捉妖”五彩瓷盘（明代）

葫芦盘

“瓜瓞绵绵”铜帐钩（云南下关　清代）

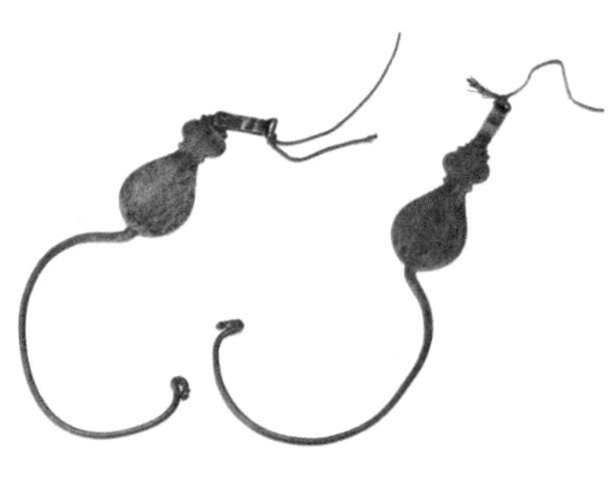

葫芦铜帐钩（葫芦画社藏）

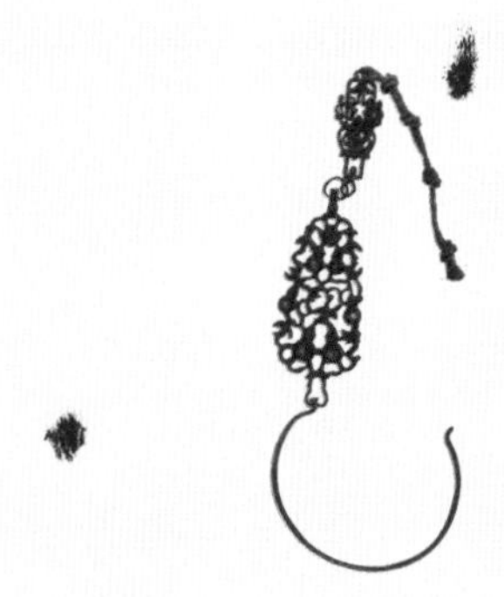

“瓜瓞绵绵”铜帐钩（王金华藏）

喜字葫芦铜帐钩（王金华藏）

葫芦形挂钱（清代）

葫芦形挂花（清代）

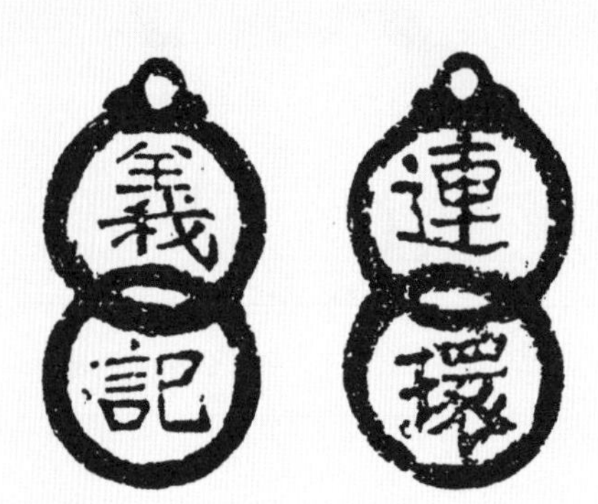

葫芦形挂钱拓印

葫芦形挂钱拓印

“福禄万代”茶托（瓶底儿藏）

“寿星”门心斗方（山西平遥）

葫芦铺首（安徽祁县）

葫芦门饰（山东聊城）

“双猴捧福”火花（民国）

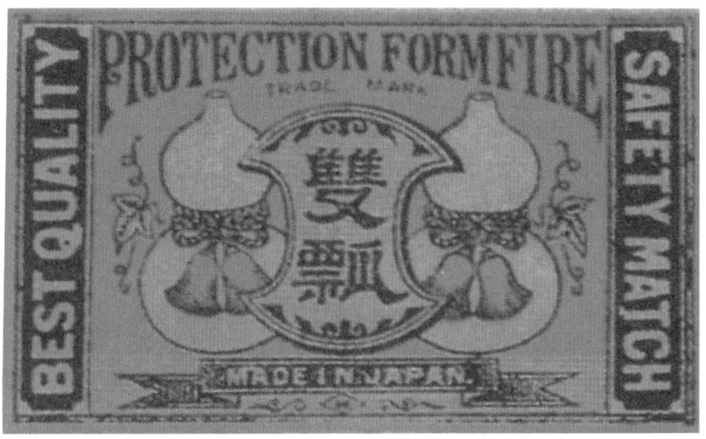

“双瓢”火花（民国）

布艺葫芦（葫芦画社藏）

布艺葫芦（邢艳霞　葫芦画社藏　）

水浒人物（连环画）

“莲花童子”风筝（葫芦画社藏）

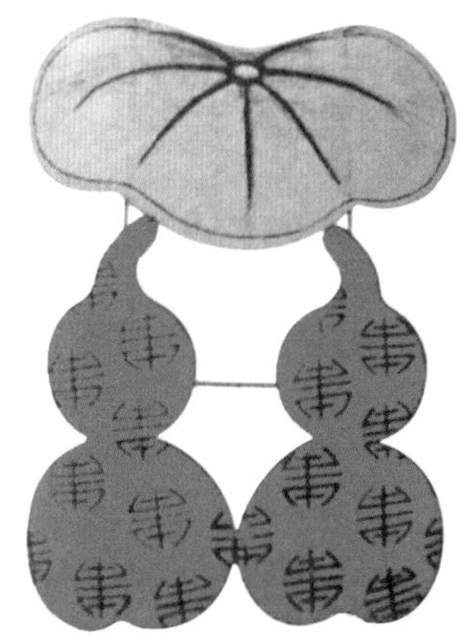

葫芦风筝（清代）

酱园招幌

“大吉”葫芦瓶（清代　上海博物馆藏）

参考文献

1. 孔六庆 . 中国画艺术专史——花鸟卷 . 南京：江西美术出版社，2008
2. 张志民 . 中国绘画史图鉴 . 济南：山东美术出版社，2014
3. 张曦 . 元画全集 . 杭州：浙江大学出版社，2015
4. 潘公凯 . 潘天寿书画集 . 杭州：浙江美术出版社，1996
5. 刘子瑞 . 南宋四家画集 . 天津 ：天津人民美术出版社，1997
6. 宋画全集 . 杭州：浙江大学出版社，2010
7. 宋代小品画 . 天津：天津人民美术出版社，2001
8. 刘建平 . 扬州画派书画全集：罗聘 . 天津：天津人民美术出版社，1999
9. 齐渊 . 金农书画编年图录 . 北京：人民美术出版社，2007
10. 中国十大名画家画集——虚谷 . 北京：北京工艺美术出版社，2003
11. 中国十大名画家画集——吴昌硕 . 北京：北京工艺美术出版社，2003
12. 中国花鸟画——现代卷（上）. 南宁：广西美术出版社，2000
13. 故宫画谱人物卷——钟馗 . 北京：故宫出版社，2013
14. 刘子瑞 . 齐白石绘画作品图录 . 天津：天津人民美术出版社，2006
15. 王朝闻　邓福星 . 中国民间美术全集 . 济南：山东教育出版社 . 山东友谊出版社，1995
16. 赵秀珍 . 北京文物精粹大系·织绣卷 . 北京：北京出版社，2001

17. 潍坊市寒亭区文化局 . 潍坊民间孤本年画 . 济南：山东画报出版社，1999
18. 唐家路 . 福禄寿喜图辑 . 济南：山东美术出版社，2004
19. 王抗生　蓝先琳 . 中国吉祥图典 . 沈阳：辽宁科学技术出版社，2004
20. 左汉中 . 湖南民间美术全集：民间刺绣挑花 . 长沙：湖南美术出版社，1994
21. 孙佩兰 . 中国刺绣史 . 北京：北京图书馆出版社，2007
22. 郑军　乌琨 . 民间手工艺术：山东卷 . 北京：北京工艺美术出版社，2007
23. 王抗生 . 民间木雕 . 北京：中国轻工业出版社，2005
24. 楼庆西 . 雕梁画栋 . 北京：清华大学出版社，2011
25. 伍小东 . 中国吉祥图案 . 南宁：广西美术出版社，1993
26. 沈斌 . 中国花鸟服饰 . 南宁：广西美术出版社，2000
27. 颜鸿蜀　王珠珍 . 中国民间图形艺术 . 上海：上海书店，1992
28. 李广禄 . 民俗剪纸 . 沈阳：辽宁美术出版社，1998
29. 张道一　郭廉夫 . 古代建筑雕刻纹饰：戏文人物 . 南京：江苏美术出版社，2007
30. 楼庆西 . 乡土建筑装饰艺术 . 北京：中国建筑工业出版社，2006
31. 左汉中 . 中国吉祥图象大观 . 长沙：湖南美术出版社，1998
32. 张道一　唐家路 . 中国古代建筑木雕 . 南京：江苏美术出版社，2006
33. 潘健华 . 女红：中国女性闺房艺术 . 北京：人民美术出版社，2009
34. 侯维佳　侯瑞芳　杨景秀 . 民间刺绣珍赏 . 沈阳：辽宁美术出版社，2006
35. 蔡世伟　苗雲 . 集物志・老火花 . 莱苗文化传播有限公司，2013
36. 王树村 . 中国民间年画 . 济南：山东美术出版社，1997
37. 丁振武 . 中国琅琊剪纸 . 济南：山东美术出版社，1995
38. 朱同 . 山西剪纸大观 . 太原：山西省工艺美术研究所，1986
39. 张洪庆 . 滨州民间剪纸 . 南京：江苏美术出版社，1988

40. 王建华 . 山西古建筑吉祥装饰寓意 . 太原：山西人民出版社，2014

后 记

葫芦，本是一种自然的藤蔓植物，在人类生存发展的历史上，它不仅能食，而且还能用，更重要的是还衍生出了极为丰富的文化寓意。在中国传统的文化艺术瑰宝中，葫芦以其特有的自然形态和人文特征，集中体现了中华民族特有的造型意识、审美理想和哲学观念。这是中华文化几千年来历史积淀的产物，也是中华各民族文化传统世代相承的表现形式，有着独特的魅力。

此次编纂的《葫芦文化丛书》是一套有关葫芦研究的文化丛书，这在国内尚属首次。丛书涉及面广，内容丰富，对于葫芦文化研究具有重要的意义。《葫芦文化丛书·图像卷》是本套丛书中的一卷，是以平面图像形式展现葫芦艺术的分册，以图像为主、文字为辅，将各种典型的葫芦图像艺术作了简略归类，尽可能把具有代表性的葫芦图像展现在读者面前，使读者对中国传统葫芦图像艺术有一个清晰的了解。书中图像资料来源颇为广泛，涉及绘画、剪纸、刺绣、雕刻、年画等，相信读者在感受各种葫芦图像艺术之美的同时，对隐藏在背后的艺术观念、民俗信仰、审美心理、吉祥寓意等能有更多的了解。

需要指出的是，限于编撰者的水平和资料掌握情况，在编写过程中对于浩瀚的葫芦文化也只能择其一二，难免言不尽意，但愿这并不影响读者从中体味葫芦图像艺术的文化价值和审美意义。在本卷编纂的过程中，感谢山东工艺美术学院唐家路、张从军教授在写作思路上的建议，感谢辽宁沈阳侯维佳、侯瑞芳、杨景绣先生以及赵小英、马松林、梁颖、王秀兰等各地民间艺术家提供作品。另外需要说明的是书中很多图像资料采用了第二手资料，因此有些图像信息如作者、地区、年代或名称等无法完整注明，望相关作者谅解，在这里一并致谢，感谢你们在传统葫芦文化艺术研究中做出的贡献。

2016 年冬于日照海滨